“助力乡 ”系列丛书

茶叶产品质量追溯实用技术手册

中国农垦经济发展中心　组编

秦福增　韩学军　主编

中国农业出版社

农村设物出版社

北　京

图书在版编目（CIP）数据

茶叶产品质量追溯实用技术手册/中国农垦经济发展中心组编；秦福增，韩学军主编．—北京：中国农业出版社，2020.9

（“助力乡村振兴，引领质量兴农”系列丛书）

ISBN 978-7-109-27363-4

Ⅰ.①茶…　Ⅱ.①中…②秦…③韩…　Ⅲ.①茶叶—质量管理体系—中国—技术手册　Ⅳ.①TS272.7-62

中国版本图书馆 CIP 数据核字（2020）第 181962 号

中国农业出版社出版

地址：北京市朝阳区麦子店街 18 号楼

邮编：100125

责任编辑：胡烨芳　刘　伟

版式设计：杜　然　　责任校对：沙凯霖

印刷：北京中兴印刷有限公司

版次：2020 年 9 月第 1 版

印次：2020 年 9 月北京第 1 次印刷

发行：新华书店北京发行所

开本：700mm×1000mm　1/16

印张：9.75

字数：180 千字

定价：58.00 元

服务电话：010-59195115　010-59194918

丛书编委会名单

本书编写人员名单

主　　编：秦福增　韩学军

副 主 编：苏子鹏　叶剑芝　杨春亮

编写人员（按姓氏笔画排序）：

马会芳　王天硕　刘　阳　许冠堂

李　琪　张　明　陈　杨　陈　曙

陈吴海　林　玲　罗　成　曾绍东

静　玮　潘晓威

前 言

中共十九大作出中国特色社会主义进入新时代的科学论断，我国社会主要矛盾已经转化为人民日益增长的美好生活需要和不平衡不充分的发展之间的矛盾，我国经济已由高速增长阶段转向高质量发展阶段。以习近平同志为核心的党中央深刻把握新时代我国经济社会发展的历史性变化，明确提出实施乡村振兴战略，深化农业供给侧结构性改革，走质量兴农之路。只有坚持质量第一、效益优先，推进农业由增产导向转向提质导向，才能不断适应高质量发展的要求，提高农业综合效益和竞争力，实现我国由农业大国向农业强国转变。

21 世纪初，我国开始了对农产品质量安全追溯方式的探索和研究。近十年来，在国家的大力支持和各级部门的推动下，农产品质量安全追溯制度建设取得显著成效，成为近年来保障我国农产品质量安全的一种有效的监管手段。产业发展，标准先行。标准是产业高质量发展的助推器，是产业创新发展的孵化器。《农产品质量安全追溯操作规程》系列标准的发布实施，构建了一套从生产、加工到流通全过程质量安全信息的跟踪管理模式，探索出一条“生产有记录、流向可追踪、信息可查询、质量可追溯”的现代农业发展之路。为推动农业生产经营主体标准化生产，促进农业提质增效和农民增收，加快生产方式转变发挥了积极作用。

“助力乡村振兴，引领质量兴农”系列丛书是对农产品质量安全追溯操作规程系列标准的进一步梳理和解读，是贯彻落实乡村振兴战略，切实发挥农垦在质量兴农中的带动引领作用的基本举措，也是贯彻落实农业农村部质量兴农、绿色兴农和品牌强农要求的重要抓手。本系列丛书由中国农垦经济发展中心和中国农业出版社联合推出，对谷物、畜肉、水果、茶叶、蔬菜、小麦粉及面条、水产品等大宗农产品相关农业生产经营主体农产品质量追溯系统建立，以及追溯信息采集及管理等进行全面解读，并辅以追溯相关基础知识和实际操作技术，必将对宣贯农产品质量安全追溯标准、促进农业生产经营主体标准化生产、提高我国农产品质量安全水平发挥积极的推动作用。

本书秉持严谨的科学态度，在遵循《中华人民共和国农产品质量安全法》《中华人民共和国食品安全法》等国家法律法规以及现有相关国家标准的基础上，立足保安全、提质量的要求，着力推动农产品质量安全追溯向前发展。本书共分为两章：第一章为农产品质量安全追溯概述，主要介绍了农产品质量安全追溯的定义，国内外农产品质量安全追溯发展情况，以及农产品质量安全追溯的实施原则、实施要求等；第二章为 NY/T 1763—2009《农产品质量安全追溯操作规程　茶叶》的解读，并在内容解读的基础上提供了一些实际操作指导和实例分析，以期对茶叶生产经营主体的生产和管理具有指导意义。

限于编者的学识水平，加之时间匆忙，书中不足之处在所难免，恳请各位同行和读者在使用过程中予以指正并提出宝贵意见和建议。

编　者

2020 年 8 月

目录

第一章

农产品质量安全追溯概述

随着工业化以及现代物流业的发展，越来越多的农产品是通过漫长而复杂的供应链到达消费者手中。由于农产品的生产、加工和流通往往涉及位于不同地点和拥有不同技术的生产经营主体，消费者通常很难了解农产品生产、加工和流通的全过程。在农产品对人们健康所造成风险逐渐增加的趋势下，消费者已经逐渐觉醒，希望能够通过一定途径了解农产品生产、加工与流通的全过程，希望加强问题农产品的回收和原因查询等风险管理措施。如何满足消费者最关切的品质、安全卫生以及营养健康等需求，建立和提升消费者对农产品质量安全的信任，对于政府、生产经营主体和社会来说，都显示出日益重要的意义。自 20 世纪 80 年代末以来，全球农产品相关产业和许多国家的政府越来越重视沿着供应链进行追溯的可能性。建立农产品质量安全追溯制度，实现农产品的可追溯性，现在已经成为研究制定农产品质量安全政策的关键因素之一。

第一节　农产品质量安全追溯简介

一、农产品质量安全追溯的定义

从 20 世纪 80 年代末发展至今，农产品质量安全追溯制度在规范生产经营主体生产过程、保障农产品质量安全等方面的作用越来越明显。虽然农产品质量安全追溯制度得到了世界各国的认可与肯定，但至今尚未形成统一的概念。为提高消费者对农产品质量安全追溯的认识，进一步促进农产品质量安全追溯发展，需对农产品质量安全追溯这一术语进行界定。

“可追溯性”是农产品质量安全追溯的基础性要求，在对农产品质量安全追溯进行定义之前，应先厘清“可追溯性”这一基础概念。目前，“可追溯性”定义主要有欧盟、国际食品法典委员会（CAC）和日本农林水产省的定义。

欧盟将“可追溯性”定义为“食品、饲料、畜产品和饲料原料，在生产、加工、流通的所有阶段具有的跟踪追寻其痕迹的能力”。CAC将“可追溯性”定义为“能够追溯食品在生产、加工和流通过程中任何指定阶段的能力”。日本农林水产省的《食品追踪系统指导手册》将“可追溯性”定义为“能够追踪食品由生产、处理、加工、流通及贩售的整个过程的相关信息”。

根据我国《新华字典》解释，追溯的含义是“逆流而上，向江河发源处走，比喻探索事物的由来”，顾名思义，农产品质量安全追溯就是对农产品质量安全信息的回溯。本书编者在修订NY/T 1761—2009《农产品质量安全追溯操作规程　通则》过程中，结合当前我国农产品质量安全追溯工作特点以及欧盟、CAC及日本农林水产省等对“可追溯性”的定义，将农产品质量安全追溯定义为“运用传统纸质记录或现代信息技术手段对农产品生产、加工、流通过程中的质量安全信息进行跟踪管理，对问题农产品回溯责任，界定范围”。

二、国外农产品质量安全追溯的发展

农产品质量安全追溯是欧盟为应对肆虐十年之久的疯牛病建立起来的一种农产品可追溯制度。随着经济的发展和人们生活水平的提高，人民群众对于安全农产品的呼声越来越高、诉求越来越强烈，且购买安全农产品的意愿越来越强。在全球化和市场化的背景下，农产品生产经营分工越来越细，从“农田到餐桌”的链条越来越长，建立追溯制度、保障食品安全不仅是政府的责任、从业者的义务，更是一种产业发展的趋势与要求。从国外农产品质量安全追溯建设情况来看，追溯体系建设主要通过法规法令制定、标准制定和系统开发应用等3个层面进行推进。

（一）国外法规法令制定情况

欧盟、日本、美国等国家和地区通过制定相应法规法令明确规定了生产经营主体在追溯制度建设方面应尽的义务和责任。

1. 欧盟法规法令制定情况

欧盟为应对疯牛病问题，于1997年开始逐步建立农产品可追溯制度。按照欧盟有关食品法规的规定，食品、饲料、供食品制造用的家禽，以及与食品、饲料制造相关的物品，其在生产、加工、流通的各个阶段必须确立这种可追踪系统。该系统对各个阶段的主题作了规定，以保证可以确认以上的各种提供物的来源与方向。可追踪系统能够从生产到销售的各个环节追踪检查产品。2000年，欧盟颁布的《食品安全白皮书》首次把“从田间到餐桌”的全过程管理纳入食品安全体系，明确

所有相关生产经营者的责任，并引入危害分析与关键控制点（HACCP）体系，要求农产品生产、加工和销售等所有环节应具有可追溯性。2002年，欧盟颁布的有关食品法规则进一步升级，不仅要求明确相关生产经营者的责任，还规定农产品生产经营主体生产、加工和流通全过程的原辅料及质量相关材料应具有可追溯性，以保证农产品质量安全。同时，该法规规定自2005年1月1日起，在欧盟范围内流通的全部肉类食品均应具有可追溯性，否则不允许进入欧盟市场流通。该法规的实施对农产品生产、流通过程中各关键环节的信息加以有效管理，并通过对这种信息的监控管理，来实现预警和追溯，预防和减少问题的出现，一旦出现问题即可迅速追溯至源头。

2. 日本法规法令制定情况

日本紧随欧盟的步伐，于2001年开始实行并推广追溯系统。2003年5月，日本颁布了《食品安全基本法》，该法作为日本确保食品安全的基本法律，树立了全程确保食品安全的理念，提出了综合推进确保食品安全的政策、制定食品供应链各阶段的适当措施、预防食品对国民健康造成不良影响等指导食品安全管理的新方针。在《食品安全基本法》的众议院内阁委员会的附带决议中，提出了根据食品生产、流通的实际情况，从技术、经济角度开展调查研究，推进能够追溯食品生产、流通过程的可追溯制度。2003年6月，日本出台了《关于牛的个体识别信息传递的特别措施法》（又称《牛肉可追溯法》），要求对日本国内饲养的牛安装耳标，使牛的个体识别号码能够在生产、流通、零售各个阶段正确传递，以此保证牛肉的安全和信息透明。2009年，日本又颁布了《关于米谷等交易信息的记录及产地信息传递的法律》（又称《大米可追溯法》），对大米及其加工品实施可追溯制度。

3. 美国法规法令制定情况

2001年“9·11”事件后，美国将农产品质量安全的重视程度上升至国家层面，当年发布的《公共健康安全与生物恐怖应对法》要求输送进入美国境内的生鲜农产品必须具有详尽的生产、加工全过程信息，且必须能在4小时内进行溯源。2004年5月，美国食品和药物管理局（FDA）公布《食品安全跟踪条例》，以制度的形式要求本国所有食品企业和在美国从事食品生产、包装、运输及进口的外国企业建立并保存食品生产、流通的全过程记录，以便实现对其生产食品的安全性进行跟踪与追溯。2009年，为进一步加强质量安全管理，美国国会通过了《食品安全加强法案》，要求一旦农产品、食品出现质量问题，从业者需要在两个工作日内提供完整的原料谱系，对可追溯管理提出了更加明确的要求。

（二）国外技术标准制定情况

在颁布法规法令强制推行农产品质量安全追溯制度的同时，为有效指导追溯体系建设，一些国家政府、国际组织先后制定了多项农产品追溯规范（指南），在实践中发挥了积极作用。

2003 年 4 月 25 日，日本农林水产省发布了《食品可追溯制度指南》，该指南成为指导各企业建立食品可追溯制度的主要参考。2010 年，日本农林水产省对《食品可追溯制度指南》进行修订，采用 CAC 的定义，即“可追溯”被定义为“通过登记的识别码，对商品或行为的历史和使用或位置予以追溯的能力”，进一步明确追溯制度原则性要求。美国、法国、英国、加拿大等国政府参照国际标准，结合本国实际情况，制定了相应技术规范或指南。

国际食品法典委员会（CAC）、国际物品编码协会（GSI）、国际标准化组织（ISO）等有关国际机构利用专业优势、资源优势，积极参与农产品追溯体系技术规范制定，为推动全球农产品质量安全追溯管理发挥了重要作用。CAC 权威解释了可追溯性的基本概念和基本要求；国际物品编码协会（GS1）利用掌控全球贸易项目编码的优势，先后制定了《全球追溯标准》《生鲜产品追溯指南》及牛肉、蔬菜、鱼和水果追溯指南等多项操作指南，其追溯理念、编码规则被欧盟、日本、澳大利亚等多个国家和地区参照使用；2007 年，ISO 制定了 ISO 22005《饲料和食品链的可追溯性　体系设计与实施的通用原则和基本要求》，提出了食品/饲料供应链追溯系统设计的通用原则和基本需求，通过管理体系认证落实到从业者具体活动中。

（三）国外追溯系统开发应用情况

随着信息化的发展，追溯体系必须依靠信息技术承担追溯信息的记录、传递、标识。从欧盟、美国、日本追溯体系具体建设看，农产品追溯系统的开发建设采用政府参与以及与企业自建相结合的模式推进追溯系统应用。法国在牛肉追溯体系建设中，政府负责分配动物个体编码、发放身份证、建立全国肉牛数据库，使法国政府能够精准掌握全国肉牛总量、品种、分布，时间差仅为一周；而肉牛的生产履历由农场主、屠宰厂、流通商按照统一要求自行记录。日本在牛肉制品追溯体系建设中，政府明确动物个体身份编码规则；农林水产省各个下级机构安排专人负责登记；国会拨付资金给相关协会、研究机构，承担全国性信息网

络建设、牛肉甄别样品邮寄储存；饲养户、屠宰企业、专卖店自行承担追溯系统建设中信息采集、标签标识等方面的系统建设和标签标识支出，政府不予以补贴。

三、我国农产品质量安全追溯的发展

为提高我国农产品市场竞争力，扩大农产品贸易顺差，满足消费者对农产品质量的要求，我国于2002年开始实施“无公害食品行动计划”。该计划要求“通过健全体系，完善制度，对农产品质量安全实施全过程的监管，有效改善和提高我国农产品质量安全水平”。在一定意义上来说，“无公害食品行动计划”的实施拉开了我国农产品质量安全追溯研究的序幕。经过多年的探索与发展，已基本建立符合我国生产实际的追溯体系以及保障实施的法律法规、规章及标准，为我国农产品发展方向由增产向提质转变夯实基础。

（一）我国法律法规制定情况

2006年，中央1号文件首次提出要建立和完善动物标识及疫病可追溯体系，建立农产品质量可追溯制度，其后每年中央1号文件均反复强调要建立完善农产品质量追溯制度。2006年11月1日，《中华人民共和国农产品质量安全法》（以下简称《农产品质量安全法》）正式颁布施行。在农业生产档案记录方面，该法第二十四条明确规定：“农产品生产企业和农民专业合作经济组织应当建立农产品生产记录，如实记载下列事项：（一）使用农业投入品的名称、来源、用法、用量和使用、停用的日期；（二）动物疫病、植物病虫草害的发生和防治情况；（三）收获、屠宰或者捕捞的日期。农产品生产记录应当保存二年。禁止伪造农产品生产记录。国家鼓励其他农产品生产者建立农产品生产记录。”在农产品包装标识方面，该法第二十八条明确要求：“农产品生产企业、农民专业合作经济组织以及从事农产品收购的单位或者个人销售的农产品，按照规定应当包装或者附加标识的，须经包装或者附加标识后方可销售。包装物或者标识上应当按照规定标明产品的品名、产地、生产者、生产日期、保质期、产品质量等级等内容；使用添加剂的，还应当按照规定标明添加剂的名称。”2009年6月1日，《中华人民共和国食品安全法》（以下简称《食品安全法》）正式施行。该法明确要求国家建立食品召回制度。食品生产企业应当建立食品原料、食品添加剂、食品相关产品进货查验记录制度和食品出厂检验记录制度；食品经营企业应当建立食品进货查验记录制度，如实记录食品的名称、规格、数量、生产批号、保质期、供货者名称及联系方式、进货日期等内容。2015年4月24日修订的《食品安全法》明确规定，“食品生产经营者应当依照本法的规定，建立食品安全追溯体系，保证食品可追溯”，我国农产品质量安全追溯上升至国家法律层面。

（二）我国相关部门文件及标准等制定情况

1. 我国相关部门文件制定情况

为配合农产品质量安全追溯相关法律法规的实施，加快推进追溯系统建设，规范追溯系统运行，我国各政府部门制定了农产品监管及质量安全追溯相关的文件。

2001年7月，上海市政府颁布了《上海市食用农产品安全监管暂行办法》，提出了在流通环节建立“市场档案可溯源制”。2002年，农业部发布第13号令《动物免疫标识管理办法》，该办法明确规定猪、牛、羊必须佩带免疫耳标并建立免疫档案管理制度。2003年，国家质量监督检验检疫总局启动“中国条码推进工程”，并结合我国实际，相继出版了《牛肉产品跟踪与追溯指南》《水果、蔬菜跟踪与追溯指南》，国内部分蔬菜、牛肉产品开始拥有“身份证”。2004年5月，国家质量监督检验检疫总局出台《出境水产品追溯规程（试行）》，要求出口水产品及其原料需按照规定标识。2011年，商务部发布《关于“十二五”期间加快肉类蔬菜流通追溯体系建设的指导意见》（商秩发〔2011〕376号），意见要求健全肉类蔬菜流通追溯技术标准，加快建设完善的肉类蔬菜流通追溯体系。2012年，农业部发布《关于进一步加强农产品质量安全监管工作的意见》（农质发〔2012〕3号），提出“加快制定农产品质量安全可追溯相关规范，统一农产品产地质量安全合格证明和追溯模式，探索开展农产品质量安全产地追溯管理试点”。为进一步加快建设重要产品信息化追溯体系，2017年，商务部联合工业和信息化部、农业部等7部门联合发布《关于推进重要产品信息化追溯体系建设的指导意见》（商秩发〔2017〕53号），意见要求以信息化追溯和互通共享为方向，加强统筹规划，健全标准体系，建设覆盖全国、统一开放、先进适用的重要产品追溯体系。2018年，为落实《国务院办公厅关于加快推进重要产品追溯系统建设的意见》（国办发〔2015〕95号），农业农村部和商务部分别印发了《农业农村部关于全面推广应用国家农产品质量安全追溯管理信息平台的通知》（农质发〔2018〕9号）和《重要产品追溯管理平台建设指南（试行）》，旨在促进各追溯平台间互通互联，避免生产经营主体重复建设追溯平台。

2. 我国标准制定情况

为规范追溯信息采集内容，指导生产经营主体建立完善的追溯体系，保障追溯体系有效实施和管理，各行政管理部门以及相关企（事）业单位制定了系列标准。从标准内容来看，主要涉及体系管理、操作规程（规范、指南）等方面。

（1）体系管理类标准 2006年参照ISO 22000：2005，我国制定了GB/T 22000—2006《食品安全管理体系 食品链中各类组织的要求》。2009年参照ISO 22005：2007，我国制定了GB/T 22005—2009《饲料和食品链的可追溯性体系设计与实施的通用原则和基本要求》，追溯标准初步与国际接轨。2010年，我国制定了GB/Z 25008—2010《饲料和食品链的可追溯性 体系设计与实施指南》。此外，以GB/T 22005—2009和GB/Z 25008—2010为基础，国家质量监督检验检疫总局制定并发布了部分产品的追溯要求，如GB/T 29379—2012《农产品追溯要求 果蔬》、GB/T 29568—2013《农产品追溯要求 水产品》、GB/T 33915—2017《农产品追溯要求 茶叶》。

（2）操作规程（规范、指南）类标准 2009年，农业部发布了NY/T 1761—2009《农产品质量安全追溯操作规程 通则》，并制定了谷物、水果、茶叶、畜肉、蔬菜、小麦粉及面条和水产品7项农产品质量安全操作规程的农业行业标准。此外，农业部还制定了养殖水产品可追溯标签、编码、信息采集等水产行业标准。商务部制定了肉类蔬菜追溯城市管理平台技术、批发自助交易终端、手持读写终端规范以及瓶装酒追溯与防伪查询服务、读写器技术、标签要求等国内贸易规范。中国科技产业化促进会发布了畜类和禽类产品追溯体系应用指南团体标准。

（3）其他标准 例如，为促进各追溯系统间数据互联共享，农业部制定了NY/T 2531—2013《农产品质量追溯信息交换接口规范》；为规范农产品追溯编码、促进国际贸易，农业部制定了NY/T 1431—2007《农产品追溯编码导则》等。

（三）我国农产品质量安全追溯系统开发应用情况

2008年之前，我国农产品质量安全追溯系统还基本处于空白状态，可追溯管理要求主要通过完善生产档案记录来实现。2008年之后，随着各级政府部门的大力推动，追溯管理理念逐步得到从业者认可，开发设计了形式多样、各具特点的追溯系统，追溯制度建设呈现出快速发展趋势。我国政府牵头组织运行的追溯平台包括中国产品质量电子监管网、国家发改委重点食品物联网追溯系统、国家食品安全追溯平台、商务部肉菜流通及中药材追溯系统、农产品质量追溯系统、农垦农产品质量安全追溯系统、工信部食品工业企业质量安全追溯平台等，支持网站、短信、电话、二维码、商超内部电子机器等多种形式查询。

我国的食品质量安全追溯试点工作从 2000 年开始实践，其中肉类蔬菜农产品的质量安全最先成为试点追溯对象。财政部、商务部于 2010年确定了上海等 10 个城市为第一批试点城市，2011 年确定了第二批 10 个试点城市。上海于 2001 年率先提出了建立在食品流通环节“市场档案可溯源制”食品质量安全追溯体系，并于 2013 年底最终建成，是我国落实和推行追溯制度较早的城市之一。北京市于 2003 年开始着力构建现代化保障体系，涵盖 45 类食品之多，设定质量安全目标并实施专项整治；2008 年，以保障奥运食品药品安全为契机进行进一步强化；2017 年，提出“技术创新计划”。青岛市作为首批试点城市之一，创新性推出“一六三”追溯体系，统一信息追溯平台，实施远程监控和质量检验等措施保障食品质量，并分不同流通领域进行管理。此外，江苏省、四川省、福建省、湖南省等地相继推出本地追溯体系。

四、实施农产品质量安全追溯的意义

实施农产品质量安全追溯，对于农产品质量监测、认证体系建设、贸易促进等方面具有积极的推动作用，具体表现在以下 5 个方面：

1. 有利于提高企业竞争力，保护生产经营主体的合法权益和积极性

市场经济的框架下，部分企业为追求不正当利益，食品掺杂使假情况层出不穷；许多企业用心生产的合格产品被其他商家仿冒，企业每年花费在品牌形象维权上的成本占比很大，不仅造成了企业资源的浪费，还极大挫伤了企业研发优质产品的积极性。通过建立农产品质量安全追溯系统，使得农产品生产到销售全过程透明面对社会，使得制假造假的商家无从下手，保障了生产经营主体的合法权益。

2. 有利于农产品质量问题原因的查找，降低生产经营主体损失

追溯体系可以起到对农产品安全“确责”与“召回”的作用，根据追溯信息，明确农产品安全责任的归属，确定负责人；明确不合格产品的批次，实现快速、准确召回。当农产品发生质量问题时，根据农产品生产、加工过程中原料来源、生产环境（包括水、土、大气）、生产过程（包括农事活动、加工工艺及其条件）以及包装、储存和运输等信息记录，从发现问题端向产业链源头回溯，逐一分析及排查，直至查明原因，有利于减

少农业生产经营主体的经济损失。

3. 有利于认证体系的建设和实施，提高企业质量管理水平

目前，我国认证体系主要有企业认证和产品认证两类。其中，企业认证主要是规范生产过程，包括 ISO 系列的 ISO 9000、ISO 14000 等，危害分析与关键控制点（HACCP）、良好生产规范（GMP）和良好农业规程（GAP）等；产品认证不仅对生产过程进行规范，还对产品标准具有一定要求，包括有机食品、绿色食品和地理标志产品等。农产品质量安全追溯体系是对生产环境、生产、加工和流通全过程质量安全信息的跟踪和管理，这些内容也正是企业认证和产品认证的基础条件，从而保障了生产经营主体认证体系的建设和实施。

4. 保障消费者（采购商）知情权，提升消费者的信心

农产品质量安全追溯信息覆盖整个产业链，所有质量信息均可通过一定渠道或媒介向消费者或采购商提供。消费者或采购商可通过知晓的全过程质量追溯信息，满足了消费者（采购商）的知情权，提高了消费者（采购商）的信心和购买意愿。

5. 有利于提升产品质量安全水平，增强竞争力

在农产品质量安全事件频发的今天，各国对于农产品质量的要求越来越高，对于农产品的准入也越来越严格。目前，欧盟、美国和日本均对进口农产品的可追溯性作出了一定要求。对于我国一个农产品生产大国来说，实施农产品质量安全追溯势在必行。产品生产各环节的重要信息可传递、可查询、可追责，强化各环节责任主体对于产品质量安全的责任意识，确保生产制造产品质量达标，切实提高中国农产品在国际市场的竞争力。

第二节 农产品质量安全追溯操作规程

在解读 NY/T 1763—2009《农产品质量安全追溯操作规程　茶叶》前，应首先明确何谓标准及其中的一个类型——操作规程。

一、标　　准

（一）标准的定义

操作规程是标准的形式之一。标准是规范农业生产的重要依据，农业生产标准化已成为我国农业发展的重要目标之一。为保障农产品质量安全，我国不断加强法治建设，涉及农业生产的法律法规主要有《食品安全法》《农产品质量安全法》《农药管理条例》《兽药管理条例》等。

标准属于法规范畴，对法律、法规起到支撑作用。标准的定义是“为在一定范围内获得最佳秩序，经协商一致制定并由公认机构批准，共同使用的和重复使用的一种规范性文件”。对以上定义应有充分认识，才能正确解读标准，现分别解释如下。

1. “为在一定范围内获得最佳秩序”

“为在一定范围内获得最佳秩序”是标准制修订的目的。“最佳秩序”是各行各业进行有序活动，获得最佳效果的必要条件。因此，标准化生产是农业生产的必然趋势。依据辩证唯物主义观点，“最佳秩序”是目标，是有时间性的。某个时期制定的标准达到那个时期的最佳秩序，但以后发生客观情况的变化或主观认知程度的提高，已制定的标准不能达到最佳秩序时，就应对该标准进行修订，以便达到最佳秩序。因此，在人类生产历史中，最佳秩序的内涵不断丰富，人类通过修订标准逐渐逼近最佳秩序。例如，NY/T 1763—2009《农产品质量安全追溯操作规程　茶叶》发布于2009年，该标准可规范茶叶生产的质量安全追溯，达到当时认知水平下的最佳秩序，并在发布后的若干年内，客观情况变化或主观认知水平上尚未认识到需要修改该标准。但随着社会的发展以及技术的更新，当标准中的某些内容不适用时，就需对该标准进行修订，以达到新形势下的最佳秩序。

2. “经协商一致制定”

“经协商一致制定”是标准制修订程序之一，是针对标准制修订单位的要求。标准和生产分别属于上层建筑和经济基础范畴，标准依据生产，又服务于生产。因此，制修订的标准既不可比当时生产水平低，拖生产后腿；又不可远超过当时生产水平，高不可及。标准制修订单位需要与生产部门、管理部门、科研和大专院校广泛交流，标准各项内容应协商一致，以便确保标准的先进性和可操作性，使标准的实施对生产起到应有的促进作用。

3. “由公认机构批准”

“由公认机构批准”是标准制修订程序之一。公认机构是指标准化管理机构，如国家标准化技术委员会。就我国而言，标准分为国家标准、行业标准、地方标准、团体标准和企业标准，均需国家标准化技术委员会批准、备案后方可实施。就国际上而言，这种公认机构除政府部门外，还有联合国下属机构，如国际标准化组织（ISO）、联合国食品法典委员会（CAC）等；或者国际行业协会，如国际乳业联合会（IDF）等。只有公认机构批准发布的标准才是有效的。

4. “共同使用的和重复使用的”

标准的使用者是标准适用范围内的合法单位。例如，所有我国合法经营的茶叶生产企业均可使用 NY/T 1763—2009《农产品质量安全追溯操作规程　茶叶》。该标准也适用于所有我国合法经营茶叶的其他生产经营主体，如合作社、公司和协会等。该标准还可供茶叶生产经营主体共同使用，且在修订或作废之前是被重复使用的。除茶叶生产经营主体外，协助、督导、监管茶叶生产经营主体质量安全追溯工作的单位，如农业农村部和各地方管理部门、有关质量追溯监测机构也可应用该标准，帮助茶叶生产经营主体更好实施该标准。

5. “规范性文件”

“规范性文件”表明标准是用以详述法律和法规内容，具有法规性质，但它不是法规，而属于法规范畴，是要求强制执行或推荐执行的规范性文件。

（二）标准的性质

就标准性质而言，标准分为强制性标准和推荐性标准，表示形式分别为标准代号中不带“/T”和带“/T”。如《农产品质量安全追溯操作规程　茶叶》是推荐性标准，其标准代号为 NY/T 1764—2009。推荐性标准是非强制执行的标准，但当没有其他标准可执行时，为达到该标准的目的，就必须按该标准执行。

（三）标准的分级

我国标准分为国家标准、行业标准、地方标准、团体标准和企业标准，由其名称可知其适用范围。级别最高的是国家标准，最低的是企业标准。同一标准若发布了国家标准，则比其级别低的其他标准自行作废。国家鼓励企业制定企业标准，但其内容要求应严于国家标准，且在企业内部执行。

（四）标准的分类

从标准的应用角度，可将标准分为以下 6 种主要类型。

1. 限量标准

规定某类或某种物质在产品中限量使用的规范性文件，如 GB 2760—2014《食品安全国家标准　食品添加剂使用标准》。

2. 产品标准

规定某类或某种产品的属性、要求以及确认的规则和方法的规范性文件，如 NY/T 288—2018《绿色食品　茶叶》。

3. 方法标准

规定某种检验的原理、步骤和结果要求的规范性文件，如 GB 5009.3—2016《食品安全国家标准　食品中水分的测定》。

4. 指南

规定某主题的一般性、原则性、方向性的信息、指导或建议的规范性文件，如 GB/T 14257—2009《商品条码　条码符号放置指南》。

5. 规范

规定产品、过程或服务需要满足的要求的规范性文件，如 GB/T 32744—2016《茶叶加工良好规范》

6. 规程

规定为设备、构件或产品的设计、制造、安装、维护或使用而推荐惯例或程序的规范性文件，如 NY/T 1763—2009《农产品质量安全追溯操作规程　茶叶》。

二、操作规程

操作规程是规程中最普遍的一种，它规定了操作的程序。NY/T 1763—2009《农产品质量安全追溯操作规程　茶叶》规定茶叶生产经营主体实施质量安全追溯的程序以及实施这些程序的方法，其以章的形式叙述以下 10 个方面内容。

（一）范围

“范围”包括两层含义：一是该标准包含的内容范围，即术语和定义、要求、编码方法、信息采集、信息管理、追溯标识、体系运行自查和质量安全问题处置；二是该标准规定的适用范围，即茶叶的质量安全追溯。

（二）规范性引用文件

列出的被引用文件经过标准条文的引用后，成为标准应用时必不可少的文件。文件清单中不注明日期的标准表示其最新版本（包括所有的修改单）适用于本标准。在 NY/T 1763—2009《农产品质量安全追溯操作规程　茶叶》中引用了 NY/T 1761《农产品质量安全追溯操作规程　通则》，没有发布年号，其含义是引用现行有效的最新版本标准。

（三）术语和定义

所用术语和定义与 NY/T 1761《农产品质量安全追溯操作规程　通

则》相同。因此，不必在本标准中重复列出，只需引用 NY/T 1761 的术语和定义即可。而 NY/T 1761 的术语和定义共有 11 条，其中列出 8 条。引用 NY/T 1431《农产品产地编码规则》中 3 条术语和定义。

（四）要求

在规定茶叶生产经营主体实施质量安全追溯程序以及实施方法之前，应先明确实施的必备条件，只有具备条件后才能实施操作规程。这些条件主要包括追溯目标、机构或人员、设备和软件、管理制度等内容。

（五）编码方法

编码方法是实施操作规程的具体程序和方法之一，此部分内容叙述整个产业链各个环节的编码方法。不同茶叶生产经营主体产业链不同，编码方法也不尽相同。例如，种植类的农业生产经营主体需从种植环节开始编码，而茶叶加工经营主体则需包括加工、生产和销售环节的编码。

（六）信息采集

信息采集是实施操作规程的具体程序和方法之一，此部分内容叙述整个产业链各个环节的信息采集要求和内容。

（七）信息管理

信息管理是实施操作规程的具体程序和方法之一，此部分内容叙述信息采集后的存储、传输和查询。

（八）追溯标识

追溯标识是实施操作规程后，在产品上体现追溯的表示方法。

（九）体系运行自查

体系运行自查是实施操作规程后，自行检查所用程序和方法是否达到预期效果；若须完善，则应采取改进措施。

（十）质量安全问题处置

质量安全问题处置是实施操作规程后，一旦发生质量安全问题，应采取的处置方法，作为对实施操作规程的具体程序和方法的补充。

整个操作规程的内容除（一）范围外，（二）、（三）、（四）是必要条件，（五）、（六）、（七）是实施的程序和方法，（八）、（九）、（十）是实施后的体现和检查处理。由此组成一个完整的操作规程。

第三节　农产品质量安全追溯实施原则

农产品质量安全追溯的实施原则是指导农产品质量安全追溯操作规程制修订的前提思想，也是保证农产品质量安全追溯规范、顺利进行的根本。这些原则体现在该标准的制修订和执行之中。

一、合法性原则

进入21世纪以来，随农产品外部市场竞争的加剧以及内部市场需求的增长，我国对农产品质量安全的重视程度上升到了一个新的高度，已经从法律、法规等层面作出相应要求。《食品安全法》《农产品质量安全法》《国务院办公厅关于加快推进重要产品追溯体系建设的意见》《农业部关于加快推进农产品质量安全追溯体系建设的意见》《农业农村部关于全面推广应用国家农产品质量安全追溯管理信息平台的通知》《关于农产品质量安全追溯与农业农村重大创建认定、农产品优质品牌推选、农产品认证、农业展会等工作挂钩的意见》等法律、法规以及相关部门文件都提出建立农产品质量安全追溯制度的要求。

农产品质量安全追溯的实施过程还应依据以下相关标准：

（一）条码编制

编制条码应依据GB/T 12905—2019《条码术语》、GB/T 7027—2002《信息分类和编码的基本原则与方法》、GB 12904—2008《商品条码　零售商品编码与条码表示》、GB/T 16986—2018《商品条码　应用标识符》等标准。具体到农产品，编制条码时还应依据NY/T 1431—2007《农产品追溯编码导则》和NY/T 1430—2007《农产品产地编码规则》等标准。

（二）二维码编制

编制二维码应依据GB/T 33993—2017《商品二维码》。

二、完整性原则

该原则主要是追溯信息的完整性要求，体现在以下2个方面。

（一）过程完整性

追溯信息应覆盖茶叶生产、加工、流通全过程。追溯产品为茶叶鲜叶

时，包括田间管理、投入品管理、采摘、销售信息。追溯产品为茶叶时，还应增加鲜叶收购、加工、包装、储运、销售过程信息。

（二）信息完整性

信息内容应包括所有涉及质量安全、责任主体、可追溯性3个方面的信息。

1. 各环节涉及的质量安全信息

追溯信息应覆盖生产、加工、流通全过程，同时还应与当前国家标准或行业标准相适应。

种植环节，应包括基地环境、农药和肥料等的信息。其中，基地环境条件包括灌溉用水、土壤、大气环境等，应记录取样地点、时间、检测机构和监测时间等信息；农药使用记录内容应依据中华人民共和国国务院令第677号《农药管理条例》和GB/T 8321《农药合理使用准则》系列标准记录农药的通用名及商品名、来源（包括供应商和生产厂商名称、生产许可证号或批准文号、登记证号、产品批号或生产日期）、主要防治对象、剂型及含量、稀释倍数、用药方法、使用量、安全间隔期等信息；肥料施用记录内容应依据《肥料合理使用准则》系列标准及相关部门的规章、公告等记录肥料的通用名及商品名、来源（包括供应商和生产厂商名称、生产许可证号或批准文号、登记证号、产品批号或生产日期）、施用量、施肥地块、施肥时间等。

加工环节，应包括鲜叶检测、工艺条件、加工用水、产品检验、包装和销售等信息。

2. 涉及责任主体的信息

责任主体信息主要包括各环节操作时间、地点和责任人等。对于农药、肥料购买和使用应记录品名（通用名）、生产厂商、生产许可证号、登记证号或生产批准文号、批次号（或生产日期）、农药安全间隔期、时间、使用地块、使用量和责任人等。对于加工环节，应记录加工时间、生产线名称、加工量、责任人等。

3. 可追溯性信息

可追溯性信息是上、下环节信息记录中有唯一性的对接内容，以保证实施可追溯。例如，农药购买记录和农药使用记录上均有农药名称、生产厂商、批次号（或生产日期）；或用代码衔接，以确保所用农药只能是某厂商生产的某批次农药。纸质记录的可追溯性保证了电子信息的可追溯性。

三、对应性原则

除记录信息的可追溯性外，还应在农产品质量安全追溯的实施过程中确保农产品质量安全追溯信息与产品的唯一对应。为此，应做到以下要求。

（一）各环节和单元进行代码化管理

各环节或单元的名称宜进行代码化管理，以便电子信息录入设备识别和信息传输。进行代码化管理时宜采用数字码，编制时应通盘考虑，既简单明了、容易识别，又不易混淆。

（二）纸质记录真实反映生产过程和产品性质

纸质记录内容仅反映生产过程和产品性质中与质量安全有关的内容，与此无关的农事活动和经营内容不应列入。

若茶叶生产经营主体的纸质记录除了质量安全追溯内容外，还有其他体系认证、产品认证或经营管理需记录，则不必制作多套表格，可以制作一套表格，在其栏目上标注不同符号，如星形符号（*）、三角形符号（△）等，以表示以上不同类型用途的记录内容。纸质记录被录入追溯系统时，录入人员仅录入带有质量安全追溯符号的栏目内容即可。

（三）纸质记录和电子信息唯一对应

纸质记录与电子信息必须唯一对应。要求电子信息录入人员收到纸质记录后需要做以下程序性工作：

1. 审核纸质记录的准确性、规范性

纸质记录是否有不准确之处，如农药未使用通用名、农药的使用量未使用法定计量单位标注、未标明安全间隔期等；纸质记录的填写是否有不规范之处，如有涂改、空项等，发现后录入人员不得自行修改，应退回有关部门或人员修改。缺项的由制表人员修改表格，如农药生产企业的生产许可证号或批准文号、登记证号、批次号（或生产日期）等。若表格的栏目齐全，填写有误，则退回给填写人员，让其修改或重新填写。

2. 纸质信息准确录入电子设备

完成纸质记录审核后，信息录入人员应将纸质信息准确无误地录入追溯系统。同时，应有相关措施保障电子信息不篡改、不丢失。为此，应采取以下措施：

（1）用于质量安全追溯的计算机等电子信息录入设备不允许兼用于其他经营管理。

（2）录入人员设有权限，设置有个人登录密码。

（3）计算机等电子信息录入设备有杀毒软件，以免受到攻击。

（4）有外接设备定期备份、专用备份，如硬盘、光盘。

3. 核实录入内容

纸质信息录入后，信息录入人员应对录入内容与纸质记录的一致性进行核实；若不一致，则进行修改。

四、高效性原则

随着信息化的发展，运用现代信息技术对农产品从生产到消费实行全程可追溯管理。这既是农业信息化发展的重要趋势，也是新时期加强农产品质量安全管理的必然要求。从信息化角度分析，建立农产品质量安全追溯制度的本质要求就是综合运用计算机技术、网络技术、通信技术、编码技术、数字标识技术、传感技术、地理信息技术等现代信息技术对农产品生产、流通、消费等各个环节实行标识管理，记录农产品质量安全相关信息、生产者信息，以此形成顺向可追、逆向可溯的精细化质量管控系统，建立高效、精确、快捷的农产品质量安全追溯体系，全面提升农产品质量安全管控能力。

第四节　农产品质量安全追溯实施要求

为加深农业生产经营主体对农产品质量安全追溯的认识与理解，保障追溯体系顺利建设与实施，切实发挥农产品质量安全追溯在保质量、促安全等方面的作用，农业生产经营主体建设追溯体系之前，应先做好以下4个方面准备工作。

一、制订农产品质量安全追溯实施计划

农业生产经营主体在建立追溯体系前应制订详尽的实施计划。实施计划主要包括以下内容：

（一）追溯产品

农业生产经营主体生产的全部产品都可实施农产品质量安全追溯时，则全部产品可为追溯产品。若有部分产品无法实施追溯，则不应将该部分产品列入追溯产品。例如，茶叶企业部分鲜叶是委托其他加工企业代工生产，且被委托的加工企业尚不具备可追溯条件，则尽管产品是同一品牌，也不能将被委托企业生产的产品列为追溯产品。

（二）追溯规模

估计追溯产品的年产量。确定追溯规模的依据是正常环境和经营条件

下的生产能力，不考虑不可抗力的发生，如冰雹、虫害等。

（三）追溯精度

追溯精度应合理确定，不应过细或过粗。茶叶生产经营主体若能对种植、生产等进行统一管理和信息采集，则追溯精度可以细分到种植户或地块，但追溯精度太细会增加采集追溯信息的工作量。若生产经营主体的追溯精度过粗，也不合适。如追溯精度不能到地块或种植户，而是设置为乡镇且不能再细分，则失去了追溯的意义。

（四）追溯深度

追溯深度依据追溯产品的销售情况进行确定。茶叶加工企业有直销店，则追溯精度为零售商；若无直销店，则追溯精度为批发商；若兼有直销店和批发商，或无法界定销售对象的销售方式，则追溯精度可定为初级分销商。

（五）实施内容

实施内容的全面性是保障追溯工作有效完成的基础，应包括满足农产品质量安全追溯工作要求的所有内容，如制度建设、追溯标签的形成、追溯技术的培训等。

（六）实施进度

实施进度的制订可以确保农业生产经营主体高效地完成追溯体系建设，避免追溯体系建设进展缓慢等问题。制订实施进度时，应充分考虑自身发展情况，结合现有基础，列出所有实施内容的完成期限以及相关责任主体。

二、配置必要的计算机网络设备、标签打印设备、条码读写设备等硬件及相关软件

采用信息化管理的生产经营主体应配置计算机等电子信息设备，配置数量应合适。追溯系统建设前，应先根据生产过程确定追溯精度，种植环节中每个精度应有一个信息采集点。例如，追溯精度为种植户，每个种植户为信息采集点；若种植户组（内含若干种植户）为追溯精度，则种植户组为信息采集点。在加工环节中，每条生产线为一个信息采集点。另外，产品检验的实验室设立一个信息采集点，成品包装、储存、运输为一个信息采集点，销售为一个信息采集点。由信息采集点决定所

用计算机等电子信息录入设备数量。若每个信息采集点各自采集或录入信息，则所用计算机等电子信息录入设备数量与信息采集点数量一样；若每个信息采集点统一采集或录入信息，则仅需一套计算机等电子信息录入设备。

配置标签打印设备、条码读写设备等专用设备。专用设备配置数量由农业生产经营主体所需标签打印数量确定。如果产品采用工业化生产线进行生产，或者追溯产品包装不适合粘贴纸质标签，就应配置喷码、激光打码等专用设备。

配置的软件系统应涵盖所有可能影响产品质量安全的环节，确保采集的信息覆盖生产、加工、流通全过程的各个信息采集点，且满足追溯精度和追溯深度的要求。

三、建立农产品质量安全追溯制度

农业生产经营主体应依据自身追溯工作特点和要求，制定产品质量安全追溯工作规范、信息采集和系统运行规范、质量安全问题处置规范（产品质量安全事件应急预案）等制度以及与其配套的相关制度或文件（如产品质量控制方案），且应覆盖追溯体系建设、实施与管理的所有内容。

（一）产品质量安全追溯工作规范

产品质量安全追溯规范内容主要包括：一是制定目的、原则和适用范围；二是开展追溯工作的组织机构、人员与职责，以及保障追溯工作持续稳定进行的措施；三是实施方案以及工作计划的制定、实施；四是制度建设的原则和程序；五是相关人员培训计划、实施；六是质量安全追溯体系自查；七是产品质量安全事件的处置。

（二）信息采集及系统运行规范

信息采集及系统运行规范内容主要包括：一是追溯码的组成、代码段的含义及长度；二是信息采集点的设置；三是纸质记录内容的设计、填写和上传；四是电子信息的录入、审核、传输、上报；五是电子设备的安全维护要求和记录；六是系统运行的维护和应急处置；七是追溯标签的管理。

（三）产品质量安全事件应急预案

产品质量安全时间应急预案内容主要包括：一是编制目的、原则和适用范围；二是应急体系的组织机构和职责；三是应急程序；四是后续处理；五是应急演练及总结。

（四）产品质量控制方案

产品质量控制方案内容主要包括：一是编制目的、依据、方法以及适用范围；二是组织机构和职责；三是关键控制点的设置；四是质量控制项目及其临界值的确定；五是控制措施、监测、纠偏、验证和记录等。

四、指定部门或人员负责各环节的组织、实施和监控

具备一定规模的农业生产经营主体宜成立相关机构（质量安全追溯领导小组）或指定专门人员负责组织、统筹、管理追溯工作，并将追溯工作的全部内容分解到各部门或人员，明确其职责，做到既不重复，又不遗漏。一旦发生问题，可依据职责找到相关责任人，避免相互推诿，便于问题查找以及工作改进。例如，生产记录的表格的设计、制订、填写、录入或归档出现问题，可根据人员分工，跟踪到直接责任人，并进行工作改进。

第二章 《农产品质量安全追溯操作规程　茶叶》解读

第一节　范　　围

【标准原文】

1　范围

本标准规定了茶叶质量安全追溯的术语和定义、要求、信息采集、信息管理、编码方法、追溯标识、体系运行自查和质量安全应急。

本标准适用于茶叶质量安全的追溯。

【内容解读】

1. 本标准规定内容

本标准规定的所有内容将在以下各节进行解读。

2. 本标准适用范围

本标准适用于茶叶，包括茶叶鲜叶及茶叶成品。

3. 本标准不适用范围

本标准既不适用于非茶叶产品的质量安全追溯操作规程，也不适用于茶叶的非质量安全追溯操作规程。

第二节　术语和定义

【标准原文】

3　术语和定义

NY/T 1761 确立的术语和定义适用于本标准。

【内容解读】

1. NY/T 1761 确定的术语和定义

NY/T 1761《农产品质量安全追溯操作规程　通则》是农产品质量安全追溯操作的通用准则，内容包括术语和定义、实施原则与要求、体系实施、信息管理体系运行自查和质量安全问题处置，对全国范围内农产品质量安全追溯体系的建设及有效运行起到了重要作用。NY/T 1761《农产品质量安全追溯操作规程　通则》是产品类标准制定的基础，为各产品类农产品质量安全追溯操作规程的制定起到了指导性作用。

NY/T 1761《农产品质量安全追溯操作规程　通则》确立的术语和定义有以下 8 条：

（1）农产品质量安全追溯（quality and safety traceability of agricultural products）　运用传统纸质记录或现代信息技术手段对农产品生产、加工、流通过程的质量安全信息进行跟踪管理，对问题农产品回溯责任、界定范围。

（2）追溯单元（traceability unit）　在农产品生产、加工、流通过程中不再细分的单个产品或批次产品。

（3）追溯信息（traceability information）　可追溯农产品生产、加工、流通各环节记录信息的总和。

（4）追溯精度（traceability precision）　可追溯农产品回溯到产业链源头的最小追溯单元。

（5）追溯深度（traceability depth）　可追溯农产品能够有效跟踪到的产业链的末端环节。

（6）组合码（combined code）　由一些相互依存并有层次关系的描述编码对象不同特性代码段组成的复合代码。

（7）层次码（layer code）　以编码对象集合中的层次分类为基础，将编码对象编码成连续且递增的代码。

（8）并置码（coordinate code）　由一些相互独立的描述编码对象不同特性代码段组成的复合代码。

2. NY/T 1431 确定的术语和定义

NY/T 1761《农产品质量安全追溯操作规程 通则》中引用了 NY/T 1431—2007《农产品追溯编码导则》，其在术语和定义中确立的术语和定义有以下 3 条：

（1）可追溯性（traceability）　从供应链的终端（产品使用者）到始端（产品生产者或原料供应商）识别产品或产品成分来源的能力，即通过

记录或标识追溯农产品的历史、位置等的能力。

（2）*农产品流通码*（code on circulation of agricultural products） 农产品流通过程中承载追溯信息向下游传递的专用系列代码，所承载的信息是关于农产品生产和流通两个环节的。

（3）*农产品追溯码*（code on tracing of agricultural products） 农产品终端销售时承载追溯信息直接面对消费者的专用代码，是展现给消费者具有追溯功能的统一代码。

【实际操作】

1. 可追溯性

茶叶产品的可追溯性是指从供应链的终端（产品使用者）到始端（产品生产者或原料供应商）识别产品或产品成分来源的能力。茶叶产品供应链的终端是指产品使用者（包括批发商、零售商和消费者）。始端是指产品生产者（包括种植基地、初加工厂等）或原料供应商（包括肥料供应商、农药供应商或是鲜叶供应商等）。

识别产品或产品成分来源的能力，是指与质量安全有关的产品成分及其来源，通过质量安全追溯达到识别的能力，以下举例说明。

（1）茶叶中农药残留（以下简称农残）的来源可能是农药供应商添加了农药名称以外的农药，或供应的农药不纯，含有其他农药成分；也可能是农药使用者没按照国家标准规定使用（如农药的剂型、稀释倍数、使用量、使用方式等）、使用国家明令禁用农药或没按安全间隔期规定采摘茶叶；也可能是追溯产品的农残检验不规范。

（2）茶叶中的金属物质，其来源可能为种植环境（包括土壤、灌溉水和空气），或者是施用的肥料带入，也有可能是加工过程中引入（包括包装材料中重金属的迁移等）。

所有这些成分的来源分析是通过产业链各环节的信息记录或产品标识追溯到产业链内的工艺段，即通过质量安全信息从产业链终端向始端回溯，从而构成农产品的可追溯性。

2. 农产品流通码

农产品流通码的信息包括农产品生产和流通两个环节的信息，该信息是从始端环节向终端环节传递的顺序信息。

生产环节代码包括生产者代码、产品代码、产地代码和批次代码，农产品流通码对一个生产经营主体来说是唯一性的。生产经营主体编码时，可采用国际公认的 EAN·UCC 系统。其中，EAN 是联合国的编码系统（国际物品编码协会），UCC 是美国的编码系统（美国统一代码委员会），两者结合组成 EAN·UCC 系统。EAN·UCC 是国际通用编码系统，生产经营主体按此编码符合国际贸易要求，可在出口产品中采用该编码。

（1）EAN 和 UCC 系统　EAN·UCC 代码包括应用标识符、标识代码类型、代码段数、代码段内容以及代码段中数字位数等。常用的 EAN·UCC 系统主要有以下 2 种：

①EAN·UCC-13 代码。EAN·UCC-13 代码是标准版的商品条码，由 13 位数字组成，包括前缀码（由 EAN 分配给各国或地区的 2～3 位数字，在 2002 年前中国是 3 位数 690～695）、厂商识别代码（由中国物品编码中心负责分配 7～9 位数字）、商品项目代码（由厂商负责编制 3～5 位数字）和校验码（1 位数字）。

②EAN·UCC-8 代码。EAN·UCC-8 代码是缩短版的商品条码，由 8 位数字组成，包括商品项目识别代码（由中国物品编码中心负责分配 7 位数字）和校验码（1 位数字）。

（2）我国国际贸易农产品流通码　农产品流通码示例，见图 2-1。

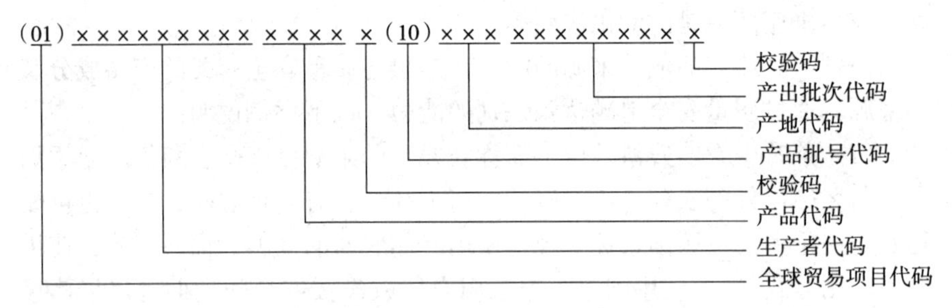

图 2-1　农产品流通码示例

生产者代码和产品代码处于全球贸易项目代码的应用标识符 AI（01）之中，该标识符可用于定量贸易项目，其第一个数字代码（即生产者代码的第一个数字代码为 0～8），也可用于变量贸易项目，其第一个数字代码（即生产者代码的第一个数字代码为 9）。生产者代码有 7～9 位数字（可用 0 表示预留代码），产品代码有 3～5 位数字（可用 0 表示预留代码），2 个代码结束处设校验码（1 位数字）。

产地代码和产出批次代码处于全球贸易项目代码的应用标识符 AI（10）之中，其中产出批次代码中可加入生产日期代码（6 位数字，即前 2 位为年份的后 2 个数字，如 2019 年的年份代码是 19；然后是 2 位月份代码和 2 位日数代码），2 个代码结束处设校验码（1 位数字）。

以上内容的茶叶生产环节流通码由生产经营主体结束生产时编制完成。

茶叶流通环节代码包括批发、零售、运输、分装等环节的代码，其内

容为流通作业主体代码、流通领域产品代码、流通作业批次代码，这些代码对一个流通部门来说是唯一性的。

流通作业主体代码、流通领域产品代码处于全球贸易项目代码的应用标识符 AI（01）之中。流通作业批次代码处于全球贸易项目代码的应用标识符 AI（10）之中，其可加入生产日期代码。

以上内容的茶叶流通环节流通码由流通部门结束流通时编制完成。

茶叶生产环节和茶叶流通环节流通码也可合二为一，由流通部门向生产经营主体提供必要的流通领域诸代码，生产经营主体在完成生产时编制一个体现生产和流通两方面内容的代码，其形式为生产领域的流通码，即4个代码段，在生产者、产品、产地和产出批次代码段中加入流通领域的内容。

3. 农产品追溯码

追溯码是提供给消费者、政府管理部门的最终编码。追溯码的组成，仍由4个代码段组成，与流通码一样，但不使用标识符，仅有一个校验码（图2-2）。追溯码由流通码压缩加密形成。

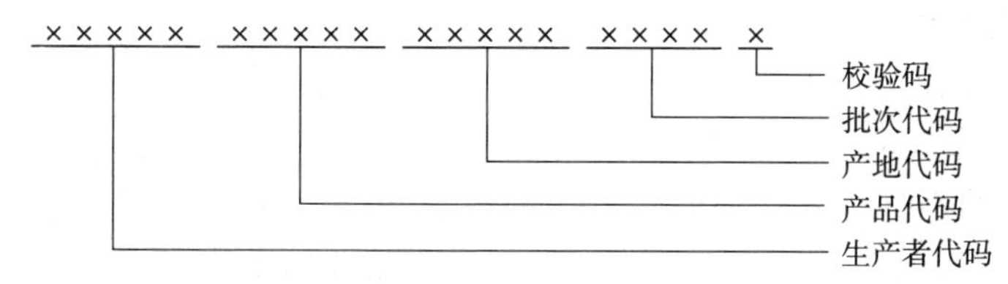

图2-2 农产品追溯码示例

4. 追溯单元

追溯单元定义为农产品生产、加工、流通过程中不再细分的管理对象。

农产品生产、加工、流通过程中具有多个工艺段，这些工艺段可以是技术型的，也可以是管理型的，统称为管理对象。其划分的粗细按其技术条件或管理内容而分，一个追溯单元内的个体具有共同的技术条件或管理内容。例如，某茶叶生产经营主体，若每个种植户不能处于相同的种植条件下，则追溯单元为每个种植户；若不同的种植户组能够实施统一管理（农药的使用、化肥的施用等皆一致），则追溯单元为种植户组。

一个追溯单元有一套记录，适用于该追溯单元内的每个个体。追溯单元的划分是确定追溯精度的前提。

5. 批次

批次为由一个或多个追溯单元组成的集合，常用于产品批次。尽管每个追溯单元具有自己的技术条件或管理内容，且有别于其他追溯单元。但农产品生产、加工、流通过程是连续的物流过程，可分为多个阶段。当一个追溯单元的产品进入下一个阶段时，因技术条件或管理内容而不得不与其他追溯单元的产品混合时，就形成混合产品，即成为批次。以茶叶种植为例，如果不同的种植户的鲜叶能够实现分别加工处理，则一个种植户的茶叶可作为一个批次；若不能实现分别加工处理，则多个种植户的茶叶为一个批次。

批次可作为追溯精度。

6. 记录信息

记录信息指农产品生产、加工、流通中任何环节记录的信息内容。生产经营主体在管理中应根据《中华人民共和国农产品质量安全法》，做好记录。需记录的内容包括与产品质量安全有关的信息，如生产资料的技术内容、工艺条件等；也包括与产品质量安全无关的信息，如职工的工作量、生产资料的收购价等。前者可用于质量安全追溯，后者则不用于质量安全追溯，仅用于经营管理。生产经营主体为了记录的方便，往往是这两方面内容列于一个记录，而不分别记录。

7. 追溯信息

追溯信息为具备质量安全追溯能力的农产品生产、加工、流通各环节记录信息的总和，即可用于质量安全追溯的记录信息。依据质量安全追溯的内容，即确定追溯产品的来源、质量安全状况、责任主体，追溯信息应满足该内容的要求。因此，追溯信息应包括3个方面内容。

（1）*环节信息* 即信息是记录在哪一环节。环节的划分依据如下：

①应反映生产组织形式。例如，农药购入由单独的部门完成，然后分发给农药使用者，则农药购入和农药使用为2个环节。若农药使用者自行购入农药，则农药购入和农药使用合为一个环节。

②相同技术条件或管理内容的部门可归为一个环节。例如，各种植户组统一进行管理的茶叶种植，具有相同的技术条件或管理内容，可合并为一个环节。

③结合追溯精度，可以细分或粗合。环节信息应具体并唯一地反映该环节，表达方式可用汉字或数字（应在质量安全追溯制度中写明该数字的含义）。例如，第1种植户组第1号地块或1-01。

（2）*责任信息* 即时间、地点、责任人，以便发生质量安全问题时可依此确定责任主体。责任人包括质量安全追溯工作的责任人以及生产投入品供应企业责任人（该企业名称）。

（3）*要素信息* 反映该环节的技术要素或管理要素。要素信息应满足质量安全追溯的要求，如使用农药的品名、剂型、稀释倍数、使用量、使

用方法和安全间隔期等。

8. 追溯精度

(1) 追溯精度定义 农产品质量安全追溯中可追溯到产业链源头的最小追溯单元。这最小追溯单元基于生产实践。目前，生产水平和管理方式尚未完全摆脱粗放模式的影响。生产经营主体的记录可精确到生产者种植户、种植户组或地块。

(2) 确定追溯精度的原则 生产经营主体可依据自身生产管理现状，为满足追溯精度要求，对组织机构、工艺段和工艺条件作出小幅度更改。不必为质量安全追溯花费大量资金及人力，以致影响经济效益。因此，全国范围内茶叶生产经营主体的质量安全追溯模式不完全相同，各有符合本主体的特色。追溯精度也如此，各生产经营主体的追溯精度可以不同。追溯精度的放大和缩小各有利弊。

①追溯精度放大的优点是管理简单、记录减少。例如，茶叶生产经营主体的追溯精度确定为某种植户组，则该种植户组的农药使用、化肥施用、收获、仓储均为统一；该种植户组内生产人员可随时换岗；追溯信息的记录只需一套；运输时，本种植户组的茶叶可以随意混运；加工企业收购的鲜叶不必分区；加工成的产品可以混合。总之，只要是出自同一种植户组，茶叶、加工后的产品均可混合，这便于生产和管理。但其缺点是一旦发生质量安全问题，查找原因、责任主体、改进工作与奖惩制度的执行都较困难。再则，发生质量安全问题的产品数量大，涉及的批发商或零售商多，召回的经济损失及对企业的负面影响较大。

②追溯精度缩小的优缺点正好与之相反。因此，在管理模式和生产工艺不作重大变更的前提下，合理确定追溯精度是每个生产经营主体实施质量安全追溯前必须慎重解决的问题。

鉴于以上所述优缺点，一般来说，产品质量安全可控性强、管理任务又较繁重的企业，追溯精度可以适当放大；而产品质量安全可控性差、管理任务又不太繁重的企业，追溯精度可以适当缩小。

另外，随着国内外贸易的扩展和质量安全追溯的深化，加工企业应改进管理和工艺，使追溯精度更小。当加工企业工艺变化或销售方式变化影响产品可追溯性时，应及时通知生产经营主体对追溯精度作出相应变化，以便追溯工作的实施与管理。应促使追溯精度与实际生产过程相匹配，推进质量安全追溯发展，从而赢得消费者的赞赏。

9. 追溯深度

追溯深度为农产品质量安全追溯中可追溯到的产业链的最终环节。以生产经营主体作为质量安全追溯的主体，追溯深度有以下5类：

（1）加工企业　实施质量安全追溯的茶叶生产经营主体，其追溯产品销售给茶叶加工厂，追溯深度为加工企业。

（2）批发商　实施质量安全追溯的茶叶生产经营主体，其追溯产品销售给批发商，追溯深度为批发商。

（3）分销商　实施质量安全追溯的茶叶生产经营主体，其追溯产品销售给分销商，追溯深度为分销商。

（4）零售商　实施质量安全追溯的茶叶生产经营主体，其追溯产品销售给直销店或零售商，追溯深度为零售商。

（5）消费者　实施质量安全追溯的茶叶生产经营主体，其追溯产品直接销售给消费者，追溯深度为消费者。

10. 代码

代码是农产品质量安全追溯中赋值的基本形式。只有使用代码才能实施信息化管理，才能实施追溯。现分以下 2 个方面叙述代码的基本知识。

（1）代码的基本知识

①代码表示形式。由于代码需表示诸多不同类型的内容，因此，其表示形式有以下 4 种：

（a）数字代码（又称数字码）。这是最常用的形式，即用一个或数个阿拉伯数字表示编码对象。数字代码的优点是结构简单，使用方便，排序容易，便于推广。在应用阿拉伯数字时，对“0”不予赋值，而是作为预留位的数字，以便以后用其他数字代替，赋予一定含义或数值。

（b）字母代码（又称字母码）。用一个或数个拉丁字母表示编码对象。字母代码的优缺点如下所述。

一个优点是容量大，两位字母码可表示 676 个编码对象，而两位数字码仅能表示 99 个编码对象；另一个优点是有时可提供人们识别编码对象的信息，如 BJ 表示北京、GZ 表示广州，便于人们记忆。

缺点是不便于计算机等数据采集电子设备的处理。尤其当编码对象数目较多、添加或更改频繁、编码对象名称较长时，常常会出现重复或冲突。因此，字母代码经常用于编码对象较少的情况。即使在这种情况下应用，尚须注意以下 3 点：

——当字母码无含义时，应尽量避免使用发音易混淆的字母，如 N 和 M，P 和 B，T 和 D；

——当出现 3 个或更多连续字母时，应避免使用原音字母 A、O、I、E、U，以免被误认为简单语言单词；

——在同一编码方案中应全部使用大写字母或小写字母，不可大小写

字母混用。

(c) 混合代码(又称数字字母码或字母数字码)。一般不使用混合代码,只有在特殊情况下才使用,如出口茶叶需使用国际规定的流通码。混合代码中包括数字和字母的代码,还可有特殊字符。这种代码具有数字代码和字母代码的优缺点。编制混合代码时,应避免使用容易与数字混淆的字母,如字母 I 与数字 1、字母 Z 与数字 2、字母 G 与数字 6、字母 B 和 S 与数字 8;也应避免使用相互容易混淆的字母,如字母 O 和 Q。

(d) 特殊字符。部分特殊字符(如 &、@等)可用于混合代码中增加代码容量。但连字号 (-)、标点符号 (,。、等)、星号 (*) 等不能使用。

②代码结构和形式。代码的结构包括其中有几个代码段组成、每个代码段的含义、这些代码段的位置、每个代码段有多少字符。例如,农产品追溯码由 4 个代码段组成,从左到右代码段的名称依次为生产者代码段、产品代码段、产地代码段、批次代码段(见图 2-2)。每个代码段内字符数由具体情况而定。

③代码长度。代码长度是指编码表达式的字符(数字或字母)数目,可以是固定的或可变的。但为了便于信息化管理,宜采用固定的代码长度,对当前不用而将来可能会用的代码长度,可以用"0"作为预留。例如,茶叶产品代码段,当前仅有 5 个品种,只需 1 位代码长度;若考虑将来品种会增加到 15 种,则应有 2 位代码长度,当前产品代码为 01 至 05。需要注意,代码长度不应过长,这不利于电子信息的管理。

(2) 质量安全追溯中所用代码

①组合码。组合码为由一些相互依存的并有层次关系的描述编码对象不同特性代码段组成的复合代码。例如,生产者的居民身份证编码采用组合码,见表 2-1。

表 2-1 居民身份证码

居民身份证码	含义
××××××××××××××××××	居民身份证码的 18 位组合码结构
××××××	行政区划代码
××××××××	出生日期
×××	顺序码,其中,奇数表示男性、偶数表示女性
×	校验码

该组合码分为 4 个代码段，共 18 位。前 2 个代码段分别表示公民的空间和时间特性，第 3 个代码段依赖于前 2 个代码段所限定的范围，第 4 个代码段依赖于前 3 个代码段赋值后的校验计算结果。

又如，茶叶追溯码，见表 2-2。

表 2-2　茶叶追溯码

追溯码	含义
×××××××××××××××××××××××××	茶叶追溯码的 25 位组合码结构
××××××	从业者代码
××××	追溯产品代码
××××××	产地代码
××××××××	批次代码
×	校验码

该组合码分为 4 个代码段，共 25 位。第 1 个代码段是从业者代码段，表示茶叶生产经营主体，包括经营者、生产者和经销商的全部或部分。第 2 个代码段是产品代码段，表示茶叶产品的代码。第 3 个代码段是产地代码段，表示追溯产品生产地的代码，可用国家规定的行政区划代码，如以下所述的层次码。第 4 个代码段是批次代码段，如以下所述的并置码。第 5 个是校验码，依赖于前 4 个代码段 24 个代码赋值后的校验计算结果。

②层次码。层次码为以编码对象集合中的层次分类为基础，将编码对象编码成连续且递增的代码。如产地编码采用 3 层 6 位的层次码结构。每个层次有 2 位数字，从左到右的顺次分别代表省级、市级、县级。较高层级包含且只能包含较低层级的内容，内容是连续且递增的，组成层次码，表示某县所属市、省，表达一个有别于其他县的确切唯一的生产地点。

例如，广东省的省级代码为 44，下一层广州市辖区的市级代码为 01，下一层南沙区的代码为 02。因此，生产地点在广州南沙区的代码为 440102。

③并置码。并置码为由一些相互独立的描述编码对象不同特性代码段组成的复合代码。例如，批次编码，采用 2 个代码段。第 1 个代码段为批次，用数字码，其位数取决于 1d 内生产的批次数，可用 1 位或 2 位。第 2 个代码段是生产日期代码，采用 6 位数字码，分别表示年、月、日，各用 2 位数字码。批次代码和生产日期代码是具不同特性的，批次与生产线、生产设施有关，而生产日期仅是自然数。

第三节 要 求

一、追溯目标

【标准原文】

4.1 追溯目标

追溯的茶叶可根据追溯码追溯到各个生产、加工、流通环节的产品、投入品信息及相关责任主体。

【内容解读】

1. 追溯码具有完整、真实的信息

追溯码追溯信息的完整、真实是保证能够根据追溯码进行追溯的基础，也是实施质量安全追溯的前提条件。如果没有完整和真实的追溯信息，顺向可追、逆向可溯便无从谈起。因此，对追溯码追溯信息有以下要求：

（1）追溯信息应具有完整性 完整性是指信息覆盖种植、加工和流通整个产业链的所有环节。从信息内容上，应包括产品、投入品等所有追溯信息，即与追溯产品质量安全有关的信息。同时，还应包括明确的责任主体信息。

（2）追溯信息应具有真实性 追溯信息真实性指按照实际的生产、操作情况记录发生的事情。记录可为可追溯提供文件、验证的证据。因此，保证记录的真实性，将为质量原因的分析、问题产品的追溯、质量安全追溯系统的有效运行提供有力支撑。另外，记录的真实性也包含电子信息和纸质信息一致性的内涵，将纸质记录信息转录为电子信息记录应有审核的过程。

2. 追溯方式

质量安全追溯是依据追溯信息，从产业链终端向始端进行客观地分析、判定的过程。生产经营主体应明确追溯产品的物流和信息流，然后从产业链的终端向始端方向追溯。

例如，茶叶生产企业的追溯产品为绿茶，执行的产品标准为 GB 14456.1—2017《绿茶 第 1 部分：基本要求》和 GB 2763—2019《食品安全国家标准 食品中农药最大残留限量》。物流包括 7 个环节，分属于种植环节 2 个、运输环节 1 个、加工环节 3 个、销售环节 1 个。对应设立与质量安全有关的信息采集点为 7 个，组成信息流如图 2-3 所示。

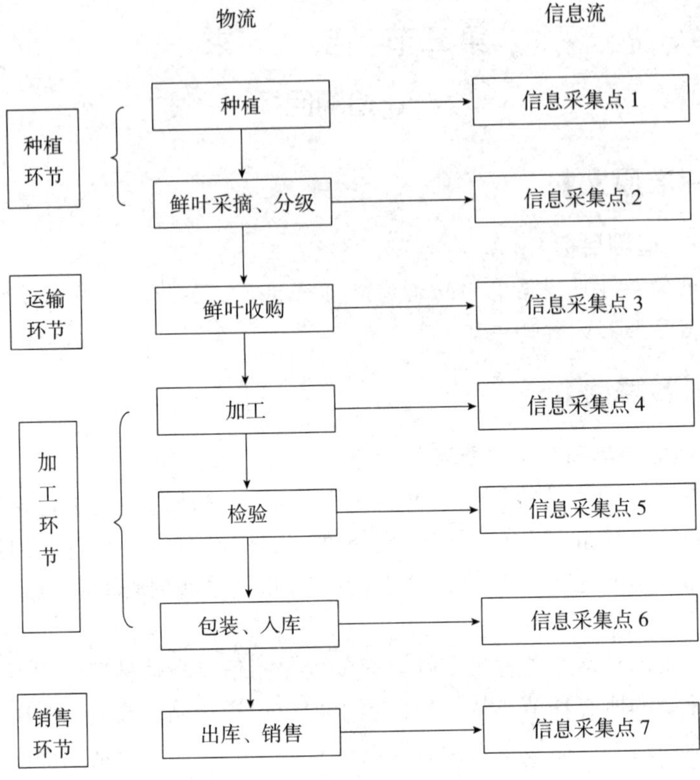

图 2-3　茶叶生产物流和信息流示意图

当某茶叶产品中出现吡虫啉含量不合格时，须按照追溯链逆向查找问题可能产生的环节，并分析原因，落实相关责任人员，及时整改问题环节，必要时修订相关的质量管理体系文件，达到改进质量的目标。实施追溯的步骤如下：

（1）产品检验环节　吡虫啉不会在出库与销售、包装与入库环节使用。因此，最后端是检验环节，从信息采集点 5 查找。发生吡虫啉超标的原因有 3 个或其中之一：

①检验有误。检验结果低于 0.5mg/kg，误认为合格产品。原因包括检验方法应用错误、检验操作不当、检验结果计算不准等。为此，应规范所有检验因素，包括方法、人员、操作、仪器、量具和计算等。

②检验样本量不足。所检样品合格，而不合格样品没检到、漏检。样品合格不能代表产品合格。为此，加大随机抽样量，使样品的检验结果能代表产品质量。

③样品均质不当。取样部位代表性差、样品混合和均质不准，使本来能代表产品的样品得不到质量均匀的实验室样品，导致错误结果。为此，

应随机取样，并充分均质化。

鉴于以上原因，责任主体应是检验人员。

然后，向前依次追溯到加工环节、鲜叶收购环节的信息采集点 4、信息采集点 3。由于加工环节、鲜叶收购环节不会使用吡虫啉，则向前追溯到鲜叶采摘、分级环节的信息采集点 2。

（2）鲜叶采摘、分级环节　在该环节发生吡虫啉超标可能的原因：施药人员使用了 70%水分散粒剂。按 GB/T 8321.10—2018《农药合理使用准则（十）》规定，其安全间隔期为 7d。茶叶采摘人员没有按照规定的安全间隔期，提前采摘了鲜叶，造成吡虫啉残留超标。

鉴于以上原因，责任主体应是采摘人员。

然后，向前追溯到种植环节的信息采集点 1。

（3）种植环节　用药人员没按规定的剂型、稀释倍数、用药方式执行，造成吡虫啉残留超标。

鉴于以上原因，责任主体应是种植基地部门和用药人员。

二、机构或人员

【标准原文】

4.2　机构或人员

追溯的茶叶生产企业、组织或机构应指定机构或人员负责追溯的组织、实施、监控和信息的采集、上报、核实及发布等工作。

【内容解读】

设立机构和指定人员是从组织上保证农产品质量安全追溯工作顺利进行的重要举措。具备一定规模的生产经营主体，应设置专门机构（如质量安全追溯办公室）或指定专门人员负责组织、管理追溯工作；规模较小的生产经营主体，也要有专门人员负责农产品质量安全追溯工作的组织实施。

1. 机构和人员的职责

机构和人员的职责应满足以下要求：

（1）职责明确　依据农产品质量安全追溯的要求，将整个工作（制度建设、业务培训、追溯系统网络建设、系统运行与管理、信息采集及管理等）分解到各个部门，落实到每个工作人员。

（2）人员到位　追溯工作分解到人时，应将全部工作明确分给各工作人员。工作分解到人可以有 2 种表示方式：

①明确规定某职务担任某项工作。这种“定岗定责”方式的优点是，

当发生人员变动时，只要该职务不废除，谁承担该职务，谁就承担该工作，不至于由于人员变动导致无人接手相关工作的局面，从而影响追溯工作的有效衔接。

②明确担任某项工作人员的姓名。这种表示方式的好处是直观，但当发生人员变动时，需及时修改相关任命文件。

2. 工作计划

(1) 工作计划的制订　农业生产经营主体在制订工作计划时应根据自身生产实际，将全部质量安全追溯工作内容纳入计划、统筹考虑，并确定执行时间（依据轻重缓急和任务难易可按周、月或季执行）、执行机构或人员、执行方式等。

(2) 工作计划的执行　执行工作计划时，应记录执行情况，包括内容、执行部门或人、执行时间和地点以及完成及改进情况等。

(3) 工作计划的监管检查　监管检查时，应形成检查报告，包括检查机构或人员、检查时间、检查内容、检查结果，以便后续改进。

3. 信息的采集、上报、核实和发布

由于信息采集人员是接触信息的一线人员，其采集的信息的真实性、完整性直接影响追溯工作的顺利进行。因此，在指定机构和人员负责追溯工作的文件中应明确信息采集人员，以便在出现问题时直接找到相关责任人。信息采集人员对信息记录的真实性、完整性负责。

三、设备和软件

【标准原文】

4.3　设备和软件

追溯的茶叶生产企业、组织或机构应配备必要的计算机、网络设备、标签打印机、条码读写设备等，相关软件应满足追溯要求。

【内容解读】

1. 计算机等电子设备

计算机等电子设备是农产品质量安全追溯的重要组成部分，是快速、有效地进行信息采集、信息处理、信息传输和信息查询的信息化工具，普遍应用于农产品质量安全追溯中。计算机示例见图 2-4。

图 2-4　计算机

2. 移动数据采集终端

移动数据采集终端是快速、高效、便携的电子设备，它可用于产业链过程中各环节电子信息的采集，如可用于储存、运输和销售的茶叶产品信息的采集，包括出入库条件、储存条件、运输车号、产品追溯码（一维码和二维码）、销售数量和去向等（图 2-5）。

图 2-5 移动数据采集终端

3. 工控机

工控机是用于特殊环境下的信息化工具，如低温排酸间、冷藏库、高温杀灭菌车间等（图 2-6）。它与普通计算机的差别如下：

图 2-6 工控机示例

（1）外观 普通计算机是开放、不密封的，表面有较多散热孔，有一个电源风扇向机箱外吹风散热。而工控机机箱则是全封的，所用的板材较厚，更结实，重量比普通计算机重得多，可以防尘，还可屏蔽环境中电磁等对内部的干扰。机箱内有一个电源用的风扇，可保持机箱内更大的正压强风量。

（2）结构 相对于普通计算机，工控机有一个较大的母板，有更多的扩展槽，CPU 主板和其他扩展板插在其中，这样的母板可以更好屏蔽外界干扰。同时，电源用的电阻、电容和电感线圈等元器件级别更高，具有更强的抗冲击、抗干扰能力，带载容量也大得多。

4. 网络设备

网络设备的合理可保证网络通信的有效和畅通。应建立有效的通信网络，使各信息采集、信息传递渠道畅通。可通过以下 4 种方式：

（1）通过 ADSL 上网。

（2）通过光纤方式上网。

（3）建立局域网 对于在一栋建筑物内、信息交换比较频繁的场所，应建立局域网，实现实时共享，减少各采集点数据导入、导出等操作。

（4）无线上网　对于不具备以上条件、信息交换又比较频繁的场所，建议采用此方式。

5. 标签打印机

建立信息化管理的茶叶生产经营主体应配备标签打印机（图 2-7）。标签打印机数量根据生产经营主体日产量、日包装量和日销售量等生产实际情况配置一台或多台。在条件允许情况下，生产经营主体宜配置一台备用，以应对突发状况。

图 2-7　标签打印机示例

6. 喷码机或激光打码机

喷码机是运用带电的墨水微粒，依据高压电场偏转的原理，可在各种不同材质的包装表面上非接触地喷印图案、文字和代码。喷码机机型多样，有小字符系列（图 2-8）、高清晰系列、大字符系列等。当追溯产品

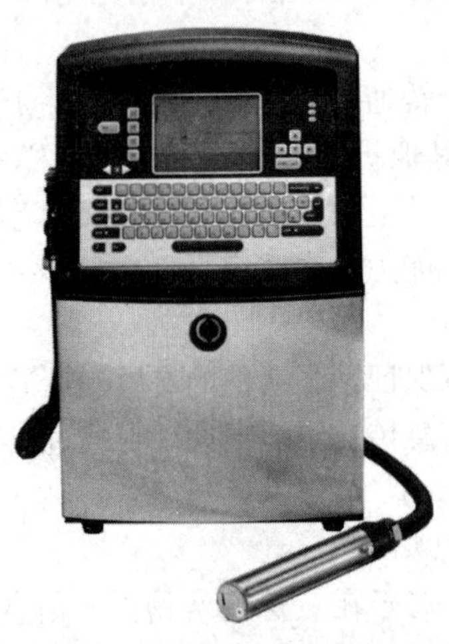

图 2-8　小字符喷码机示例

包装为塑料袋等不适宜粘贴标签的，宜配备喷码机。

激光打码机使用软件偏转激光束，利用激光的高温直接烧灼需标识的产品表面，形成图案、文字和代码。与普通的墨水喷码机相比，激光喷码机的优点主要如下：

（1）降低生产成本，减少耗材，提高生产效率。

（2）防伪效果很明显，所以激光喷码技术可以有效地抑制产品的假冒标识。

（3）能在极小的范围内喷印大量数据，打印精度高，喷码效果好，美观。

（4）设备稳定度高，可24h连续工作，激光器免维护时间长达2万h以上。温度适应范围宽（5℃～45℃）。

（5）环保、安全，不产生任何对人体和环境有害的化学物质，是环保型高科技产品。

激光打码机示例见图2-9。

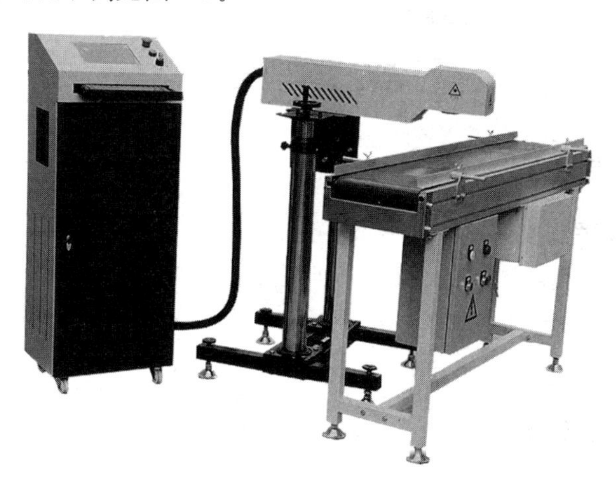

图2-9 激光打码机示例

当追溯产品采用塑料包装时，塑料封口机可与喷码机或激光打码机组成一体机，便于操作和打印计数。

7. 条码识别器（又称条码阅读器、条码扫描器）

条码是将线条与空白按照一定的编码规则组合起来的符号，用以代表一定的字母、数字等资料。在进行识别时，是用条码识别器扫描，得到一组反射光信号，此信号经光电转换后变为一组与线条、空白相对应的电子讯号，经解码后还原为相应的数字和文字，然后传入计算机。条码识别器可用于条码（即一维条码）和二维码（即二维条码）。二维条码识别器示例见图2-10。

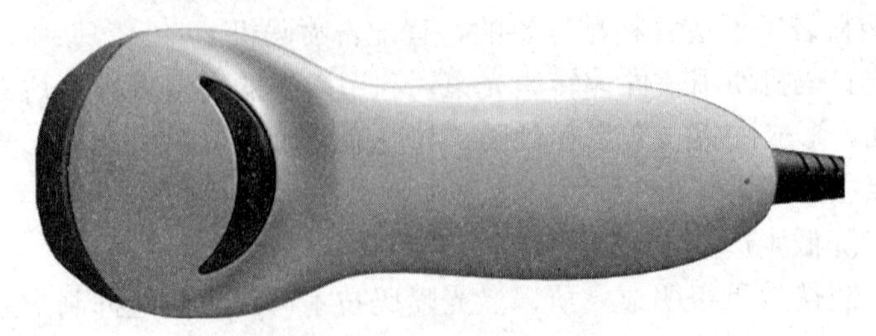

图 2-10　二维条码识别器示例

8. 软件

软件系统的科学合理性直接关系质量安全追溯工作的成效。软件系统的开发设计应以生产实际需求为导向，采用多层架构和组件技术，形成从种植记录到市场监管一套完整的农产品质量安全追溯信息系统。软件系统定制时，生产、加工过程中各投入品的使用以及产品检测等为必须定制项目，其他不影响产品质量安全的环节，则可选择性定制。同时，软件系统应满足其追溯精度和追溯深度的要求。

四、管理制度

【标准原文】

4.4　管理制度

追溯的茶叶生产企业、组织或机构应制定产品质量追溯工作规范、信息采集规范、信息系统维护和管理规范、质量安全问题处置规范等相关制度，并组织实施。

【内容解读】

茶叶生产经营主体建立质量安全追溯体系时需配套必要的工作制度，主要包括质量安全追溯工作规范、信息采集规范、信息系统维护和管理规范、质量安全问题处置 4 个方面的制度。必要时，还可增加其他制度实施管理。质量安全追溯工作规范规定质量安全追溯的总体要求，设计质量安全追溯内容的总体管理。信息采集规范是实施质量安全追溯的基本条件，包括电子信息和纸质信息的采集内容、方式、传输。信息系统维护和管理规范是质量安全追溯实施的核心，为保证信息系统的高效、准确运行而应采取的日常管理和维护方法。质量安全问题处置规范是一旦质量安全追溯产品发生质量安全问题，如何应用追溯码及所反映的信息对该追溯产品的处置。

【实际操作】

建立追溯体系的茶叶生产经营主体应制定追溯工作规范及产品质量安全控制等相关制度，并组织实施、不断完善。信息采集规范可以与信息系统维护和管理规范合并成一个制度叙述。质量安全问题处置规范可以放在产品质量安全事件应急预案内，作为其中一个内容叙述。以下叙述制度的管理和内容。

1. 管理制度

管理是社会组织中，为了实现既定目标，以人为中心进行的控制与协调活动。茶叶生产经营主体为了不同的目标，实施不同的管理模式，如新中国成立初期实施过“全面质量控制”（TQC），而当今又有“危害分析与关键控制点”（HACCP）等。为规范农产品质量安全追溯的实施，保障追溯体系的运行，同样需要制定一套管理制度，它与其他企业管理有共性，也有个性。生产经营主体实施质量安全追溯管理是建立在以往各种管理模式积累的经验基础之上的。企业应依托现有基础，认真学习与领会质量安全追溯管理的个性，即与其他管理模式不同的特点，从而制定追溯相关制度。制度管理包括 4 个环节，即制定、执行、检查和改进。

（1）制定 制度文件制定时，应按照“写我所做、写我能做”的要求，涵盖质量安全追溯工作实际的所有内容，并确立明确的目标要求以及达到目标所应采取的措施，包括组织、人员、物质、技术、资金等。制度中所确立的目标应在生产经营主体能力范围内，且是必须达到的目标要求；而不切实际的目标和内容一律不得列入制度文件中，如追溯产品质量控制方案中列出的控制大气污染等。此外，不影响目标实施以及产品质量安全的内容也可以不在制度文件中列出。

（2）执行 指定的机构或人员应按照制度文件执行。当执行过程中发现制度内容与生产经营主体生产实际不符时，应告知相关人员对制度文件进行修订。指定机构或人员执行与否依据执行记录进行判定。

以追溯技术培训为例，追溯技术培训是每个质量安全追溯生产经营主体必须进行的一项工作，同时也是非常重要的一项工作。当执行追溯技术培训这项具体工作时，应有培训计划、培训通知、授课内容、听课人签到及其相关证明材料，同时，培训结束后应有相应的总结。

需要注意的是，因计划属于预先主观意识，执行属于客观行为，在执行过程中允许与计划有所出入、差别。俗话说“计划赶不上变化”，从唯物辩证观点出发，一切以实际为准，以达到预期目标为准。

（3）检查 相关工作结束后，需对执行效果与制度文件中确立的目标进行对比评估，分析不足、总结经验。例如，对追溯技术培训的培训人员相关操作的准确性及熟练性检查是否达到预期的效果。

（4）改进　除了规范追溯体系实施、促进追溯理念发展、推广经验外，更重要的是纠正具体实践中发现的问题以及改进制度制定、执行中的不足。例如，追溯技术培训后，若检查时发现培训效果欠佳，仍有部分人员对追溯相关技术不甚理解、应用不熟练，则仍需进行再次培训。即管理制度的建立是不断发现问题、改进问题的过程。改进不是一劳永逸的，需在后续的工作中循环进行制定、执行、检查和改进，直至达到既定目标。

农产品质量安全追溯制度首先立足于自身的生产实际与需求，同时，还应结合相关部门发布的有关农产品质量安全追溯工作文件。为确保追溯工作的顺利开展，需要制定质量安全追溯工作规范、信息采集规范、信息系统维护和管理规范、质量安全问题处置规范等制度，以上制度构成了质量安全追溯的最基本制度。此外，还可以制订与制度相配套的工作方案等，如产品质量控制方案。

2. 基本制度

（1）质量安全追溯工作规范　质量安全追溯工作规范是作为追溯工作的基本制度，其规范的对象是“追溯工作”，涉及质量安全追溯的所有工作，管理范畴无论在空间上、还是在时间上都更为宽泛。由于有其他3个制度，因此它的内容包括其他3个制度以外的所有内容，即质量安全追溯的组织机构、人员与职责；制度建设原则与程序；工作计划制订与实施；人员培训；追溯工作监督与自查，以及有关管理、操作、监督部门的职责等。同时，还应注意与其他具体制度性管理文件的相关关系。

（2）追溯信息系统运行规范　该制度内容包括信息采集点的设置；信息采集内容；传输方式；纸质信息和电子信息安全防护要求；上传时效性要求；专用设备领用、维护记录；系统运行维护；追溯码的组成、代码的含义；标签打印机的维护、标签打印使用记录，以及有关管理、操作、监督部门的职责等，如纸质记录的记录表格设计、记录规范、记录时限、交付电子录入人员时限；电子录入人员的纸质记录审核、软件的确定和应用、备份的设备要求、备份的时限、电子信息安全措施、电子信息上传时限。

（3）产品质量控制方案　该方案制订时，需依据追溯产品的有关法律法规和标准，结合生产经营主体的实际情况。因此，同样是茶叶生产企业，产品质量控制方案也不尽相同。

在条款内容上，应包括编制依据、适用范围、组织机构与职责、关键

控制点设置、控制目标（安全参数和临界值或技术要求）和监控（检验）方法、控制措施、纠偏措施、实施效果检查等内容要求。

在技术内容上，应包括符合生产经营主体生产实际的追溯产品生产流程图；准确合理设置关键控制点、控制目标（安全参数和临界值或技术要求）、监控（检验）方法、控制措施和纠偏措施。其中，纠偏措施应适合各关键控制点的控制目标（安全参数和临界值或技术要求），出现偏离时，进行及时纠偏、采用的纠偏措施准确。以茶叶的农残为例，叙述农药购入的记录审核、农药使用的剂型、使用量、用药方式（喷雾、撒施）、安全间隔期、农残的临界值、监测方法、控制措施，可在农药采购、使用按制度和文件规定操作，然后发生问题则在有关环节上改进。

（4）*产品质量安全事件处置规范* 该制度的制定需依据追溯产品的有关法律法规和标准，结合生产经营主体的实际情况。该制度内容应包括组织机构和应急程序、应急项目、控制措施、质量安全事件处置，以及有关管理、操作、监督部门的职责等。

为了验证处置规范的可行性，需作处置演练。演练的项目是依据产品标准所涉及的质量安全项目确定，如茶叶追溯产品可以演练农药残留、重金属等。

处置规范的对象应是产品标准规定项目。例如绿色食品茶叶处置对象为重金属（涉及灌溉水水质、肥料质量）、农药残留（涉及农药购入、农药使用、安全间隔期）、水分（涉及加工工艺、干燥温度和时间、储藏湿度）等。

第四节 编码方法

一、种植环节

（一）产地编码

【标准原文】

5.1.1 产地编码

产地编码参照 NY/T 1761 的规定执行。地块编码档案至少包括以下信息：区域、面积、产地环境。

【内容解读】

NY/T 1761《农产品质量安全追溯操作规程 通则》是中华人民共和国农业行业标准，该标准中“5.2.2.2 产地编码”规定编码方法按 NY/T

1430 规定执行。NY/T 1430—2007《农产品产地编码规则》标准中详细规定了农产品产地单元划分原则、产地编码规则、产地单元数据要求。

农产品产地单元指根据农业管理需要，按照一定原则划分的、边界清晰的多边形农产品生产区域。

产地单元划分应遵循以下原则：

——法定基础原则：应基于法定的地形测量数据进行；

——属地管理原则：产地单元的最大边界为行政村的边界，不应跨村分割；

——地理布局原则：按照农产品产地中的沟渠、河流、湖泊、山丘、道路等地理布局进行划分；

——相对稳定原则：宜保持相对稳定，不宜经常调整；

——因地制宜原则：应根据不同地区的特点和发展要求进行划分。

农产品产地单元在时间和空间定义上应有唯一的编码。产地单元变更时，其源代码不应占用，变更后的农产品产地单元按照原有编码规则进行扩展。

NY/T 1430—2007《农产品产地编码规则》中规定：农产品产地代码由 20 位数字组成。农产品产地代码结构示例，见图 2-11。

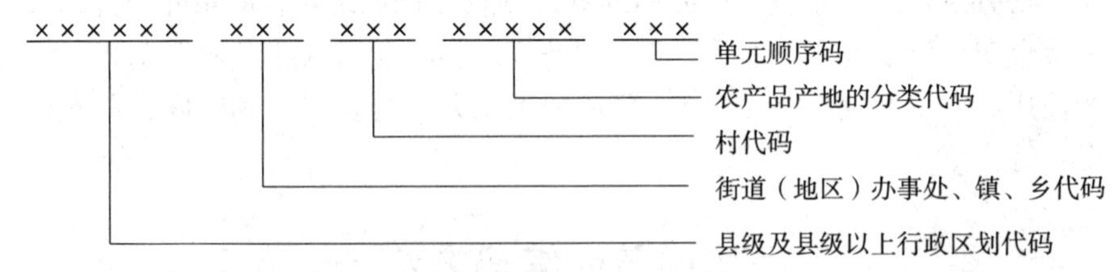

图 2-11　农产品产地代码结构示例

农产品产地编码宜采用十进位的数字码，应在信息采集规范、信息系统维护和管理规范制度中写明代码的含义，数字码便于信息化运行，不应采用字母码或汉字。其产地地块编码档案应与种植的作物种类相对应，其内容信息可以使用汉字，至少应包括种植区域、面积、产地环境等。

“全球贸易项目代码”应用标识符在 EAN · UCC 系统中以 AI（01）表示。EAN · UCC 系统是由国际物品编码协会（EAN）和美国统一代码委员会（UCC）共同开发、管理和维护的全球统一和通用的商业语言，为贸易产品与服务（即贸易项目）、物流单元、资产、位置以及特殊应用领域等提供全球唯一的标识。

“7 位地块（圈、舍、池或生产线）代码”采用的是固定递增格式层

次码。在这7位代码段中，前两位代表“管理区代码”，如该国有农场共有10个管理区，则可将数字代码“01～10”分别表示10个管理区；中间两位代表“生产队代码”，如该国有农场某个管理区有5个生产队，则可将这5个生产队分别用数字代码“01～05”表示；后三位代表“地块（圈、舍、池或生产线）顺序代码”，宜采用十进位数字模式按地块（圈、舍、池或生产线）排列顺序编码。地块划分应以茶叶种植品种、地理位置、所属单位或种植户等特性相对一致的最大地理区域为同一编码。

【实际操作】

1. 种植基地县级及县级以上行政区域代码

县级及县级以上行政区域代码包括数字代码和字母代码。

(1) 数字代码　采用3层6位的层次码结构。每个层次有2位数字，从左到右的顺次分别代表省级（省、自治区、直辖市、特别行政区）、市级（市、地区、自治州、盟、直辖市内的直辖区或直辖县、省或自治区内直辖县汇总码）、县级（县、自治县、县级市、旗、自治旗、市辖区、林区、特区）。

第一层，省级代码代表省、自治区、直辖市、特别行政区；

第二层，市级代码中01～20、51～70表示市；01、02还表示直辖市内的直辖区或直辖县的汇总码。21～50表示地区、自治州、盟。90表示省（自治区）直辖县汇总码。

第三层，县级代码中01～20表示市辖区、地区（自治州、盟）辖县级市、市辖特区和省（自治区）直辖县中的县级市；01通常表示市辖区汇总码。21～80表示县、自治县、旗、自治旗、林区、地区辖特区。81～99表示省（自治区）辖县级市。

(2) 字母代码　依据GB/T 2260—2007《中华人民共和国行政区划代码》及第1号修改单的要求，行政区划字母码要遵循科学性、统一性、实用性的编码原则，参照县及县以上行政区划名称的罗马字母拼写，取相应的字母编制。具体操作如下：

——省、自治区、直辖市、特别行政区的字母码用2位大写字母表示；

——市、地区、自治州、盟、自治县、县级市、旗、自治旗、市辖区、林区、特区用3位大写字母表示。

GB/T 2260—2007《中华人民共和国行政区划代码》及第1号修改单中规定了全国省级（省、自治区、直辖市、特别行政区）代码表，见表2-3。

表 2-3　全国省级（省、自治区、直辖市、特别行政区）代码表

名称	罗马字母拼写	数字码	字母码
北京市	Beijing Shi	110000	BJ
天津市	Tianjin Shi	120000	TJ
河北省	Hebei Sheng	130000	HE
山西省	Shanxi Sheng	140000	SX
内蒙古自治区	Nei Mongol Zizhiqu	150000	NM
辽宁省	Liaoning Sheng	210000	LN
吉林省	Jilin Sheng	220000	JL
黑龙江省	Heilongjiang Sheng	230000	HL
上海市	Shanghai Shi	310000	SH
江苏省	Jiangsu Sheng	320000	JS
浙江省	Zhejiang Sheng	330000	ZJ
安徽省	Anhui Sheng	340000	AH
福建省	Fujian Sheng	350000	FJ
江西省	Jiangxi Sheng	360000	JX
山东省	Shandong Sheng	370000	SD
河南省	Henan Sheng	410000	HA
湖北省	Hubei Sheng	420000	HB
湖南省	Hunan Sheng	430000	HN
广东省	Guangdong Sheng	440000	GD
广西壮族自治区	Guangxi Zhuangzu Zizhiqu	450000	GX
海南省	Hainan Sheng	460000	HI
重庆市	Chongqing Shi	500000	CQ
四川省	Sichuan Sheng	51----	SC
贵州省	Guizhou Sheng	520000	GZ
云南省	Yunnan Sheng	530000	YN
西藏自治区	Xizang Zizhiqu	540000	XZ
陕西省	Shaanxi Sheng	610000	SN

（续）

名称	罗马字母拼写	数字码	字母码
甘肃省	Gansu Sheng	620000	GS
青海省	Qinghai Sheng	630000	QH
宁夏回族自治区	Ningxia Huizu Zizhiqu	640000	NX
新疆维吾尔自治区	Xinjiang Uygur Zizhiqu	650000	XJ
台湾	Taiwan Sheng	710000	TW
香港特别行政区	Hongkong Tebiexingzhengqu	810000	HK
澳门特别行政区	Macau Tebiexingzhengqu	820000	MO

市级和县级的代码表以广州市所辖为例，见表 2-4。

表 2-4 广州市代码表

名称	罗马字母拼写	数字码	字母码
广州市	Guangzhou Shi	440100	CAN
市辖区	Shixiaqu	440101	
荔湾区	Liwan Qu	440103	LWQ
越秀区	Yuexiu Qu	440104	YXU
海珠区	Haizhu Qu	440105	HZU
天河区	Tianhe Qu	440106	THQ
白云区	Baiyun Qu	440111	BYU
黄浦区	Huangpu Qu	440112	HPU
番禺区	Panyu Qu	440113	PNY
花都区	Huadu Qu	440114	HDU
南沙区	Nansha Qu	440115	NSH
从化区	Conghua Qu	440117	—
增城区	Zengcheng Qu	440118	—

2. 种植基地县级以下行政区域代码

依据 GB/T 13923—2006《基础地理信息数据分类与代码》，茶园用地代码为 810403。

依据 GB/T 10114—2003《县级以下行政区划代码编制规则》，县级以下行政区域代码采用 2 层 9 位的层次码结构（图 2-12）。第一层代表县级及县级以上行政区域代码，由 6 位数字组成；第二层表示县级以下行政区域代码，由 3 位数字组成。001～099 表示街道（地区），100～199 表示镇（民族镇），200～399表示乡、民族乡、苏木（苏木作为内蒙古自治区的基层行政区域单位，在本标准中按乡来对待）。

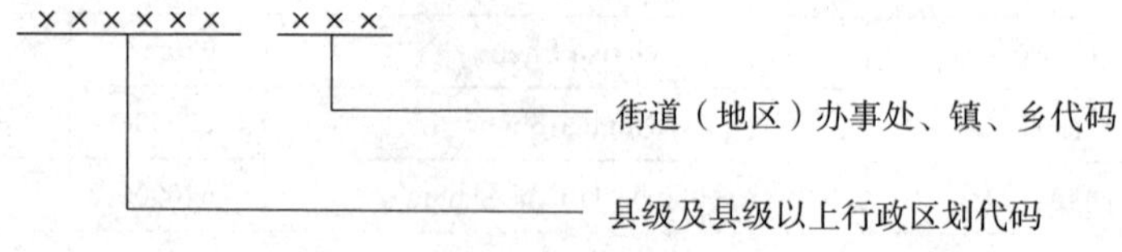

图2-12　县级以下行政区域代码

注：1. 县级以下行政区划代码应按隶属关系和上述“001-399”代码所代表的区划类型，统一排序后进行编码；

2. 在编制县级以下行政区划代码时，当只表示县及县以上行政区划时，仍然采用“2层9位的层次码结构”，此时图2-12所示代码结构中的第二段应为3个数字0，以保证代码长度的一致性。

对于不属于行政区划范畴的政企合一的农场也采取2层9位的层次码结构。第一层代表县级及县级以上行政区域代码，由6位数字组成；第二层表示该农场，在001～399以外采用3位数字。

县级以下行政区域代码表如表2-5。

表2-5　县级以下行政区域代码表

名称	代码
……	……
××市	××××00000
市辖区	××××01000
××区	××××××000
××街道（或地区）	××××××001
……	……
××镇（或民族镇）	××××××1××
……	……
××乡（或民族乡、苏木）	××××××2××
……	……
××市（县级）	××××××000
××街道	××××××001
……	……
××镇（或民族镇）	××××××1××
……	……
××乡（或民族乡、苏木）	××××××2××
……	……

（续）

名称	代码
××县	××××××000
××街道	××××××001
……	……
××镇（或民族镇）	××××××1××
……	……
××乡（或民族乡、苏木）	××××××2××
……	……

对于不属于行政区划范畴的政企合一单位（农场、林场等），当需要对其所在区域进行编码时，可参照 GB/T 10114—2003《县级以下行政区划代码编制规则》。第一层代表县级及县级以上行政区域代码，由 6 位数字组成；第二层表示该牧场或农场，在 001～399 以外采用 3 位数字。具体信息可在 http：//www.mca.gov.cn/article/sj/（中华人民共和国民政部-民政数据-行政区划代码）查询。

例如，广东省湛江市徐闻县广东省华海糖业发展有限公司的行政区划代码为 440825104。

3. 第 3～5 段代码

（1）*村代码* 第 3 段为村代码，由所属乡镇进行编订。具体信息可在 http：//www.mca.gov.cn/article/sj/（中华人民共和国民政部-民政数据-行政区划代码）查询。

例如，广东省湛江市徐闻县曲界镇曲界村委会的行政区划代码为 440825104213。

（2）*农产品产地的分类代码* 第 4 段为农产品产地属性代码，依据 GB/T 13923—2006《基础地理信息要素分类与代码》中规定的编码结构和要素分类，编码结构表见表 2-6。

表 2-6 编码结构表

码位	类别
6 位编码	大类（1 位码）
	中类（1 位码）
	小类（1 位码）
	子类（1 位码）

（3）*单元顺序码* 第 5 段为单元顺序码，具体由其所属行政村编订。

4. 国有农场产地编码

NY/T 1761《农产品质量安全追溯操作规程　通则》“5.2.2.2 产地编码”对国有农场产地编码方法有特殊规定：国有农场产地编码采用31100＋全球贸易项目代码＋7位地块（圈、舍、池或生产线）代码组成。地块（圈、舍、池或生产线）代码采用固定递增格式层次码，第1位和第2位代表管理区代码，第3位和第4位代表生产队代码，第5位至第7位代表地块顺序代码。

国有农场产地编码应由14位代码组成，国有农场产地编码结构示例见图2-13。

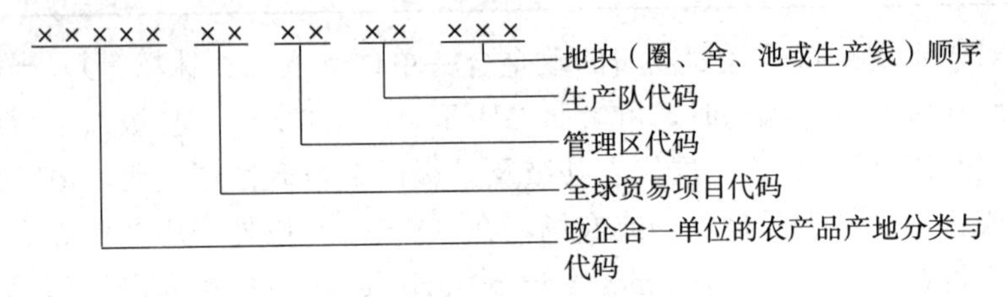

图2-13　国有农场产地编码结构示例图

例如，广东省湛江市徐闻县曲界镇曲界村委会2号茶叶基地的编码为440825104213XXXXX。

产地编码档案信息记录表，见表2-7。

表2-7　产地编码档案信息记录表

地块编号	区域	种植面积	品种	负责人

（二）种植者编码

【标准原文】

5.1.2　种植者编码

生产、管理相对统一的种植户、种植组统称为种植者，应对种植者进行编码，并建立种植者编码档案。种植者编码档案至少包括以下信息：姓名（户名或组名）、种植区域、种植面积、种植品种。

【内容解读】

种植者编码可以用数字按其居住位置或姓名罗马字母排列顺序编写，种植户姓名应为二代身份证所示姓名；组名、种植区域、种植品种用数字

或字母编码；种植面积应体现亩等单位的数字代码；

【实际操作】

种植者（户、组）编码档案信息记录表，见表2-8。

表2-8 种植者（户、组）编码档案信息记录表

姓名（户名或组名）	种植区域	地块编号	种植面积	种植品种

（三）采摘者编码

【标准原文】

5.1.3 采摘者编码

生产、管理相对统一的采摘户、采摘组统称为采摘者，应对采摘者进行编码，并建立编码档案。编码档案至少包括以下信息：采摘者姓名（户名或组名）、采摘数量、采摘区域、采摘面积、采摘品种、采摘质量。

【内容解读】

采摘者编码可以用数字按其居住位置或姓名罗马字母排列顺序编写，收获户姓名应为二代身份证所示姓名；组名、收获区域、收获品种用数字或字母编码；收获面积、收获质量用数字代码。

【实际操作】

采摘者编码档案信息记录表，见表2-9。

表2-9 采摘者编码档案信息记录表

姓名（户名或组名）	数量	区域	面积	品种	质量	负责人

二、加工环节

【标准原文】

5.2.1 收购批次编码

应对不同收购批次编码，其内容至少包括收购数量、收购标准等。

5.2.2　加工批次编码

应对不同加工批次编码，其内容至少包括加工工艺或代号等。

5.2.3　包装批次编码

应对不同包装批次编码，其内容至少包括茶叶等级、产品检测结果等。

5.2.4　分包设施编码

应对不同分包设施编码，其内容至少包括分包设施位置、防潮状况、环境卫生条件等。

5.2.5　分包批次编码

应对不同分包批次编码，并记录大包装追溯编号，形成小包装追溯编号，分包后产品库存设施编码。

【内容解读】

1. 收购批次编码

加工企业在收购原料时，应对收购批次进行编码，并记录相关信息。当每天仅有一个收购批次时，收购批次代码可用收购日期代码；当每天有多个收购批次时，应对不同批次进行编码，收购批次代码可由收购日期加批次组成，批次代码为数字。收购批次编码档案可使用汉字，其内容应至少包括数量、收购标准等信息。

2. 加工批次编码

加工企业在加工产品时，应对加工批次进行编码，并记录相关信息。当每天仅有一个加工批次时，加工批次代码可用加工日期代码；当每天有多个加工批次时，应对不同批次进行编码，加工批次代码可由加工日期加产品类别和产品批次组成，产品类别和批次代码为数字。加工批次编码档案可使用汉字，其内容应至少包括加工工艺或代号等信息。

3. 包装批次编码

加工企业在包装产品时，应对包装批次进行编码，并记录相关信息。当每天仅有一个包装批次时，包装批次代码可用包装日期代码；当每天有多个包装批次时，应对不同批次进行编码，包装批次代码可由包装日期加产品类别和产品批次组成，产品类别和批次代码为数字。包装批次编码档案可使用汉字，其内容应至少包括茶叶等级、产品检测结果等信息。

4. 分包设施编码

加工企业应对不同分包设施进行编码，分包设施可采用数字码。如果少于 10 个，则用 1 位数字码表示；如果多于 10 个，则用 2 位数字码表示。分包设施编码档案可使用汉字，其内容应至少包括以下信息：设施位

置、防潮状况、环境卫生条件。

5. 分包批次编码

加工企业在分包产品时应对分包批次进行编码，并记录相关信息。当每天仅有一个分包批次时，分包批次代码可用分包日期代码；当每天有多个分包批次时，应对不同批次进行编码，分包批次代码可由分包日期加批次组成，批次代码为数字。分包批次编码档案可使用汉字，其内容应至少包括以下信息：大包装追溯编号，形成小包装追溯编号，分包后产品库存设施编码。

【实际操作】

1. 追溯信息编码

追溯信息编码是将编码对象赋予具有一定规律（代码段的含义、代码位置排列的顺序、代码的含义、校验码的计算都作出具体规定）、易于电子信息采集设备和人识别处理的符号。因此，农产品质量安全追溯信息编码的内容应包括代码表达的形式（数字或字母）、表示的方法（如校验码的计算，生产经营主体所用数字或字母的含义，应在其工作制度中明确规定，以免误用）。

（1）追溯信息编码用途

①对编码对象进行标识。犹如“身份证”，此编码与对象组成一个唯一性的联系。

②对编码对象进行分类。对编码对象进行分类后，便可从编码上看出其属于哪一类。例如，茶叶生产经营主体属于种植还是加工，产地属于省级还是市级或县级。

③对编码对象进行识别。确定编码对象的性质，尤其是用于质量安全追溯。

因此，信息编码是实施质量安全追溯的重要前提。信息编码的成功与否直接关系到当前及今后的质量安全追溯。

（2）信息编码原则

①唯一性。一个代码仅表示一个对象，一个对象也只有一个代码。

②合理性。代码结构应与生产实践相适应。

③可扩充性。代码应留有适当的后备容量，以适应不断扩充的需要。常用数字 0 作为后备代码，其他数字都可定义含义。而容量的大小取决于生产实践，如产品代码，现有 5 种产品，用 1～5 表示。若企业考虑将增加到数十种，则产品代码段为 2 位，现有产品代码用 01～05。

④简明性。代码结构应尽量简单，长度尽量短，尤其是预留位宜少不

宜多，便于信息录入，减少差错率，减少存储容量。

⑤适用性。代码尽可能反映编码对象的特征，如生产时间的代码取6位，分别用2位表示年、月、日，而不是8位（年用4位，月、日分别用2位）。但有的代码没有实在含义。

⑥规范性。编码时，应按统一规定进行编码。参与国际贸易的应用EAN·UCC系统，用于农产品质量安全追溯的按农业农村部规定的编码结构实施。

（3）信息编码形式　追溯信息编码是农产品质量安全追溯信息查询的唯一代码。当农业生产经营主体（组织或机构）完成生产时，必须同时完成农产品质量安全追溯信息编码。农产品质量安全追溯信息代码可由产业链中各工艺段的代码组合而最终形成；也可以无工艺段代码，形成最终追溯产品时一次形成。其形式由以下3种：

①采用GB/T 16986—2018《商品代码　应用标识符》中EAN·UCC系统应用标识符。应用标识符是标识数据含义与格式的符号，如全球贸易项目代码用AI（01）表示；格式N2＋N14表示标识符中有2位数字，即01；代码有14位数字，由农业生产经营主体（组织或机构）自定；数据段名称为GTIN（Global Trade Item Number的简称，即全球贸易项目代码）。EAN·UCC应用标识符的含义、格式及数据名称，见表2-10。

表2-10　EAN·UCC应用标识符与茶叶产品质量安全追溯相关代码的含义、格式及名称

AI	含义	格式	数据名称
01	全球贸易项目代码	N2＋N14	GTIN
10	批号	N2＋X…20	BATCH/LOT

注：N为数字字符，X为字母、数字字符。

②以批次编码作为农产品质量安全追溯信息编码。

③生产经营主体自定义的追溯信息编码，如二维码。

2. 校验码的计算方法

校验码位于追溯码的最后一位，它的作用是检验追溯码中各个代码是否准确，即用各个代码的不同权数加和及与10的倍数相减，获得一位数字。农业生产经营主体自行完成或请编码公司完成的编码，都应将校验码计算的软件应用到标签打印机中。校验码的计算如下：

（1）确定代码位置序号　代码位置序号是包括校验码在内的，从右向左的顺序号。因此，校验码的序号为1。

（2）计算校验码　按以下步骤计算校验码：

①从代码位置序号2开始，所有偶数位数字代码求和；

②将以上偶数位数字代码的和乘以3；

③从代码位置序号3开始，所有奇数位数字代码求和；

④将偶数位数字代码和乘以3的乘积与奇数位数字代码和相加；

⑤用大于或等于④得出的相加数，且为10最小整数倍的数减去该相加数，即校验码数值。给出计算的校验码计算示例，见表2-11。

表2-11 校验码计算示例

计算步骤	举例说明													
从右向左顺序编号	位置序号	13	12	11	10	9	8	7	6	5	4	3	2	1
	代码	1	1	0	1	2	3	4	5	6	7	8	9	X
从序号2开始，所有偶数位数字代码求和	9+7+5+3+1+1=26													
偶数位数字代码的和乘以3	26×3=78													
从序号3开始，所有奇数位数字代码求和	8+6+4+2+0+1=21													
将偶数位数字代码和乘以3的乘积与奇数位数字代码和相加	78+21=99													
用大于或等于④得出的相加数，且为10最小整数倍的数减去该相加数，即校验码数值	100−99=1，即X=1													

3. 产品代码

产品代码是追溯码中重要组成部分，茶叶生产组织或机构的产品可多达几十种产品，可采用2位数字码。即使产品品种不满10个，为了考虑今后品种的增加，可设立2位数字码，个位数字是现行产品品种代码，十位数字为“0”，作为预留品种代码。

（1）产品代码编制原则

①唯一性原则。对同一商品项目的产品应给予相同的产品标识代码。基本特征（主要包括商品名称、商标、种类、规格、数量、包装类型等）相同的商品视为同一商品项目。对不同商品项目的产品应给予不同的产品标识代码。

②无含义性原则。产品代码中的每一位数字不表示任何与商品有关的特定信息。

③稳定性原则。产品代码一旦被分配，只要产品基本特征没变化，就应保持不变。

（2）茶叶代码 依据GB/T 7635.1—2002《全国主要产品分类与代

码　第1部分：可运输产品》，茶叶代码如表2-12。

表2-12　茶叶代码

代码	产品名称	备注
016	饮料和香辛料作物产品	
0161	饮料作物产品	
01612	内包装净含量超过3kg的未发酵绿茶、发酵红茶和部分发酵茶	
01612·010～·099	内包装净含量超过3kg的绿茶	
01612·011	内包装净含量超过3kg的炒青毛茶	包括屯、婺、舒、饶、杭、遂、平、温、湘、黔、川等炒青毛茶
01612·012	内包装净含量超过3kg的烘青毛茶	包括闽、徽、苏、浙、湘、豫、川等毛烘青
01612·013	内包装净含量超过3kg的晒青毛茶	包括川、陕、黔、滇、桂等毛青
01612·014	内包装净含量超过3kg的白茶	包括白毛茶、中国白茶、白毫银针等
01612·015	内包装净含量超过3kg的特种绿茶	包括西湖龙井、信阳毛尖、黄山毛峰、太平猴魁、齐山名片、碧螺春、雨花茶、君山银针、都匀毛尖、庐山云雾、黄大茶、绿大茶、普洱条茶、蒸青绿茶等
01612·016	内包装净含量超过3kg的精制炒青绿茶	包括屯、婺、舒、杭、遂、平、饶、豫、湘、川、黔等绿茶和中国绿茶
01612·017	内包装净含量超过3kg的精制烘青绿茶	包括闽、浙、徽、湘、川、苏、豫等烘青坯
01612·099	内包装净含量超过3kg的其他绿茶	
01612·100～·199	内包装净含量超过3kg的红茶	
01612·101	内包装净含量超过3kg的红毛茶	包括祁、滇、宜、浮、宁、川、湖、闽、苏等红毛茶
01612·102	内包装净含量超过3kg的工夫红茶	指精制条形红茶正产品，包括祁、滇、宜、浮、宁、川、湖、闽、苏等红茶和中国红茶等
01612·103	内包装净含量超过3kg的红副茶	指精制条形红茶副产品，包括碎、片、末、梗
01612·104	内包装净含量超过3kg的红碎茶	包括碎茶、片茶、叶茶、末茶
01612·105	内包装净含量超过3kg的小种红茶	

（续）

代码	产品名称	备注
01612・199	内包装净含量超过 3kg 的其他红茶	
01612・200 ～・299	内包装净含量超过 3kg 的花茶	
01612・201	内包装净含量超过 3kg 的茉莉花茶	包括茉莉烘青和特种茉莉花茶等
01612・202	内包装净含量超过 3kg 的玉兰花茶	又称白兰花茶，包括玉兰烘青花茶等
01612・203	内包装净含量超过 3kg 的珠兰花茶	包括珠兰大方和珠兰烘青花茶等
01612・204	内包装净含量超过 3kg 的玳玳花茶	包括玳玳烘青花茶等
01612・205	内包装净含量超过 3kg 的柚子花茶	包括柚子烘青花茶等
01612・206	内包装净含量超过 3kg 的玫瑰花茶	包括玫瑰红茶等
01612・207	内包装净含量超过 3kg 的桂花花茶	包括桂花烘青和桂花色种花茶等
01612・299	内包装净含量超过 3kg 的其他花茶	
01612・300 ～・399	内包装净含量超过 3kg 的乌龙茶	
01612・301	内包装净含量超过 3kg 的乌龙毛茶	包括闽北水仙、闽北乌龙、崇安水仙、崇安奇种、闽南色种、闽南水仙、闽南乌龙、安溪铁观音、粤水仙等乌龙毛茶
01612・302	内包装净含量超过 3kg 的精制乌龙茶	包括水仙乌龙、乌龙、铁观音、梅占、本山、毛蟹、奇兰、黄金桂、奇种、单枞、浪菜等精制乌龙茶
01612・399	内包装净含量超过 3kg 的其他乌龙茶	
01612・400 ～・499	紧压茶	
01612・401	内包装净含量超过 3kg 的紧压茶原料	包括黑毛茶、老青茶、川南边茶、康南边茶、毛六堡等
01612・402	内包装净含量超过 3kg 的紧压茶成品	包括黑砖、花砖、茯砖、青砖、康砖、金尖、紧、湘尖、米砖、饼、圆包、六堡茶和方普洱茶等
01612・499	内包装净含量超过 3kg 的其他紧压茶	
01613	巴拉圭茶	又称马黛茶
239	不另分类的食品	
2391	咖啡和茶	
23913	内包装净含量不超过 3kg 的未发酵绿茶、发酵的红茶和部分发酵茶	

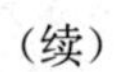
（续）

代码	产品名称	备注
23913·010～·099	未发酵的绿茶	
23913·011	内包装净含量不超过3kg的炒青毛茶	包括屯、婺、舒、饶、杭、遂、平、温、湘、黔、川等炒青毛茶
23913·012	内包装净含量不超过3kg的烘青毛茶	包括闽、徽、苏、浙、湘、豫、川等毛烘青
23913·013	内包装净含量不超过3kg的晒青毛茶	包括川、陕、黔、滇、桂等毛青
23913·014	内包装净含量不超过3kg的白茶	包括白毛茶、中国白茶、白毫银针等
23913·015	内包装净含量不超过3kg的特种绿茶	包括西湖龙井、信阳毛尖、黄山毛峰、太平猴魁、齐山名片、碧螺春、雨花茶、君山银针、都匀毛尖、庐山云雾、黄大茶、绿大茶、普洱条茶、蒸青绿茶等
23913·016	内包装净含量不超过3kg的精制炒青绿茶	包括屯、婺、舒、饶、杭、遂、平、温、湘、黔、川等炒青绿茶
23913·017	内包装净含量不超过3kg的精制烘青茶坯	包括闽、浙、徽、湘、川、苏、豫等烘青坯
23913·100～·199	发酵的红茶	
23913·101	内包装净含量不超过3kg的红毛茶	包括祁、滇、宜、浮、宁、川、湖、闽、苏等红毛茶
23913·102	内包装净含量不超过3kg的工夫红茶	指精制条形红茶正品，包括祁、滇、宜、浮、宁、川、湖、闽、苏红茶和中国红茶等
23913·103	内包装净含量不超过3kg的红副茶	指精制条形红茶副产品，包括碎、片、末、梗
23913·104	内包装净含量不超过3kg的红碎茶	包括碎茶、片茶、叶茶、末茶
23913·105	内包装净含量不超过3kg的小种红茶	
23913·200～·299	花茶	
23913·201	内包装净含量不超过3kg的茉莉花茶	包括茉莉烘青和特种茉莉花茶等
23913·202	内包装净含量不超过3kg的玉兰花茶	又称白兰花茶，包括玉兰烘青花茶等
23913·203	内包装净含量不超过3kg的珠兰花茶	包括珠兰大方和珠兰烘青花茶等
23913·204	内包装净含量不超过3kg的玳玳花茶	包括玳玳烘青花茶等

（续）

代码	产品名称	备注
23913・205	内包装净含量不超过3kg的柚子花茶	包括柚子烘青花茶等
23913・206	内包装净含量不超过3kg的玫瑰花茶	包括玫瑰红茶等
23913・207	内包装净含量不超过3kg的桂花花茶	包括桂花烘青和桂花色种花茶等
23913・300～・399	乌龙茶	
23913・301	内包装净含量不超过3kg的乌龙毛茶	包括闽北水仙、闽北乌龙、崇安水仙、崇安奇种、闽南色种、闽南水仙、闽南乌龙、安溪铁观音、粤水仙等乌龙毛茶
23913・302	内包装净含量不超过3kg的精制乌龙茶	包括水仙乌龙、乌龙、铁观音、梅占、本山、毛蟹、奇兰、黄金桂、奇种、单枞、浪菜等精制乌龙茶
23914	茶或巴拉圭茶的提取物、茶精和浓缩物，以其为主体的配置品或以茶或巴拉圭茶为主体的配置品	巴拉圭茶又称马黛茶
23914・010～・099	茶或巴拉圭茶的提取物、茶精和浓缩物	
23914・011	茶或巴拉圭茶的提取物	
23914・012	茶或巴拉圭茶的茶精	
23914・013	茶或巴拉圭茶的浓缩物	
23914・200～・399	以提取物、茶精和浓缩物为主体的配置品	
23914・400～・599	以茶或巴拉圭茶为主体的配置品	

三、储运环节

【标准原文】

5.3 储运环节

5.3.1 储藏设施编码

应对储藏设施按照位置编码，其内容至少包括储藏设施位置、通风防潮状况、环境卫生安全等。

5.3.2 储藏批次编码

应对不同储藏批次编码，并记录入库产品来自的运输批次或逐件记录。

5.3.3 运输设施编码

应对运输设施按照位置编码，其内容至少包括运输设施的防潮状况、环境卫生条件等。

5.3.4 运输批次编码

应对不同运输批次编码，并记录运输产品来自的存储设施或包装批次或逐件记录。

【内容解读】

1. 储藏设施编码

加工企业应对不同储藏设施按照位置进行编码。储藏设施编码可采用数字码。储藏设施编码档案可使用汉字，其内容应至少包括以下信息：位置、通风防潮状况、卫生条件等。通风防潮状况应包括温湿度情况，且储藏温度及相对湿度应达到产品标准的要求。除此以外，还应记录储藏设施的责任人。

2. 储藏批次编码

加工企业应对不同储藏批次进行编码，当每天仅有一个储藏批次时，储藏批次代码可用包装日期代码；当每天有多个储藏批次时，应对不同批次进行编码，储藏批次代码可由储藏日期和批次代码组成，批次代码为数字。储藏批次编码档案可使用汉字或数字，其内容应至少包括入库产品来自的运输批次或逐件记录。

3. 运输设施编码

加工企业应对不同运输设施进行编码，运输设施可采用数字码，运输设施编码档案可使用汉字，其内容应至少包括以下信息：防潮状况、环境卫生条件等。

4. 运输批次编码

加工企业在运输产品时，应对运输批次进行编码，并记录相关信息。当每天仅有一个运输批次时，运输批次代码可用运输日期代码；当每天有多个运输批次时，应对不同批次进行编码，运输批次代码可由运输日期和批次代码组成，批次代码为数字。运输批次编码档案可使用汉字或数字，其内容应至少包括以下信息：运输产品来自的存储设施或包装批次或逐件记录。

【实际操作】

产品储藏运输记录内容见表 2-13。

表 2-13 产品储藏运输记录内容

日期	仓库代码	产品追溯码/生产批次代码	产品名称	规格	数量(kg)	运输车船号(出库时填写)	运输责任人(出库时填写)	负责人

四、销售环节

【标准原文】

5.4 销售环节

5.4.1 出库批次编码

应对不同出库批次编码，并记录出库产品来自的库存设施或逐件扫描记录。

5.4.2 销售编码

销售编码可用以下方式：

——企业编码的预留代码位加入销售代码，成为追溯码。

——在企业编码外标出销售代码。

【内容解读】

1. 出库批次编码

库房编码采用数字码，建立的库房编码档案可使用汉字叙述，其内容应包括库房号、库房温度、出入库数量和时间、卫生条件等。除此以外，应有责任人。

2. 销售编码

销售编码的执行主体是生产者或销售者。编写方式有以下 2 种：

（1）企业编码的预留代码位加入销售代码　生产者编写销售代码时，可在完成生产后由生产经营主体的销售部门编写。可在 NY/T 1761《农产品质量安全追溯操作规程 通则》提到的“国内贸易追溯码”5 个代码段——农业生产经营者主体代码、产品代码、产地代码、批次代码、校验码中，将销售者代码编入“农业生产经营者主体代码”的预留代码位中，位于生产者之后。也就是说，农业生产经营者主体代码是由生产和销售两个主体组成。

销售代码采用数字码为宜。预留代码位数由销售者数量决定，预留 1 位可编入 9 个销售者，预留 2 位可编入 99 个销售者。销售代码可表示销售地区或销售者。若销售者为批发商，则销售代码可表示销售者；若销售者为相对固定的批发商或零售商（如生产企业的直销店），则销售代码可表示销售者。若销售者为相对不固定的零售商，则销售代码可表示销售地区。无论表示销售地区或销售者，都应在质量安全追溯工作规范中表明代码的销售地区或销售者具体名称，以规范工作，实施可追溯，同时也可防止假冒。当销售代码含义改变，由原来销售地区或销售者改为另一个时，必须修改原质量安全追溯工作规范中的代码含义。修改销售代码含义不会影响可追溯，因有批次代码配合。

（2）在企业编码外标出销售代码　生产经营主体完成追溯码时，产品储存产品库待销。若临时的批发商或零售商提货时，则销售者可在追溯码外标注销售代码，表示销售者，同时保留原追溯码，反映生产者。

同样，生产企业应在销售记录中表明该货销售的去向信息，以规范工作，实施可追溯，同时也可防止假冒。

【实际操作】

1. 服务业代码

服务业代码可依据 GB/T 7635.2—2002《全国主要产品分类与代码 第2部分：不可运输产品》，有关茶叶的服务业代码见表 2-14。

表 2-14　服务业代码

代码	服务业	备注
61127	茶和调味品的批发业服务	
61227	在收费或合同基础上的茶和调味品批发业服务	
62127	非专卖店零售茶叶、可可和调味品提供的服务	
62227	专卖店零售茶和调味品提供的服务	
62420	无店铺零售食品和饮料提供的服务	包括：无店铺零售茶叶和调味品提供的服务

以上示例的茶叶销售给某批发商，可在生产者的追溯码后另行附代码 61127。

2. 追溯码编码

销售编码是追溯码中最后需确定的代码，销售编码完成后通过校验码的软件计算确定校验码，整个追溯码即完成，可委托编码公司或自行完成追溯码。例如，广州市南沙区某茶叶生产集团公司（仅一条生产线，每天生产 2 个批次）于 2019 年 3 月 29 日生产的第 2 批次茶叶。追溯码编码如下：

从业者代码：该集团公司为 1，下属加工厂为 01，销售代码为 01

（预留99个销售商）。在茶叶生产经营主体的质量安全追溯工作规范中应写明下属加工厂的代码、销售商的代码。从业者代码为10101。

产品代码：工夫红茶为23913（见表2-12）。

产地代码：广州市南沙区为440115（见表2-4）。

批次代码：由生产日期和批次号组成，生产日期为6位数，即年份的后2位、月份和日的各2位组成，因此为190329。该厂每天生产批次不超过9批的话，批次仅用1位数字。因此，批次代码为1903292。

校验码：以上代码依次为10101239134401151903292，共23位，按表2-11校验码的计算方法，计算结果为4。

因此，该追溯码为101012391344011519032924，共24位。

第五节 信息采集

一、产地信息

【标准原文】

6.1 产地信息

产地代码，种植者档案，产地环境监测，包括取样地点、时间、监测机构、监测结果等信息。

【内容解读】

农产品产地指植物、动物、微生物及其产品生产的相关区域。《中华人民共和国农产品质量安全法》和《农产品产地安全管理办法》对产地环境、投入品使用、生产记录等方面做了明确规定。

第二十四条 农产品生产企业和农民专业合作经济组织应当建立农产品生产记录，如实记载下列事项：

（一）使用农业投入品的名称、来源、用法、用量、使用的日期、停用的日期；

（二）动物疫病、植物病虫草害的发生和防治情况；

（三）收获、屠宰或者捕捞的日期。

农产品生产记录应当保存二年。禁止伪造农产品生产记录。

国家鼓励其他农产品生产者建立农产品生产记录。

第二十五条 农产品生产者应当按照法律、行政法规和国务院农业行政主管部门的规定，合理使用农业投入品，严格执行农业投入品使用安全间隔期或者休药期的规定，防止危及农产品质量安全。

禁止在农产品生产过程中使用国家明令禁止使用的农业投入品。

1. 产地代码

产地代码可参考第四节第一部分“种植环节”中“产地编码”及其内容解读和实际操作的内容，编制全国统一的代码，也可自定义编制十进位数的数字码，列入追溯码中。

2. 种植者档案

种植者档案可参考第四节第一部分“种植环节”中“种植者编码”及其内容解读和实际操作的内容。

3. 产地环境监测

种植茶树应选择生态适宜区，应远离工矿区和公路铁路干线，避开工业和城市污染的影响。生产基地应具备茶叶生产所必需的条件，选择水土保持良好、生态环境稳定、土层深厚、便于排灌、利于机械操作的地方建园。茶园应合理设置防护林带，茶园和加工厂附近避开养殖场。茶园种植基地示例，见图 2-14。

图 2-14　茶园种植基地示例

产地环境监测信息包括以下影响茶叶产品质量安全的水质、土壤和大气的环境质量状况：

（1）水质　水质主要涉及农田灌溉水。灌溉水主要来源于地表水、地下水、生活饮用水等。灌溉水影响茶叶质量安全的因素是重金属，作物富集重金属后，将对人类健康产生严重危害。依据 GB 2762—2017《食品安全国家标准　食品中污染物限量》，茶叶中铅有限量要求。依据 GB 2763—2019《食品安全国家标准　食品中农药最大残留限量》，茶叶中有百草枯等 65 种农药最大残留限量要求，以上污染物均与水质相关。

（2）土壤　土壤影响茶叶产品质量安全的主要因素是重金属和农药残

留，因此需要每年进行一次土壤质量安全监测。

（3）大气 大气环境质量对茶叶的影响主要是重金属残留。进行产地环境、空气质量监测的地区，可根据当地生物生长期内的主导风向，重点监测可能对产地环境造成污染的下风向。

【实际操作】

追溯信息、信息采集点以及信息采集方式是解读后续内容的基础。因此，在解读信息采集之前，先对其进行释义。信息的规范、完整、真实、准确是保证质量安全追溯顺利进行的基本条件，信息记录以及电子信息录入的要求将在本节一一展开叙述。

1. 追溯信息

每项社会活动所需采集的信息依据于其所要达到的目的，农产品质量安全追溯的目的是产品的可追溯性，以便产品发生质量安全问题时，根据追溯信息确定问题来源、原因及责任主体。因此，它有独特的信息要求，而不同于普通的企业管理。追溯信息主要分为环节信息、责任信息和要素信息 3 种，生产经营主体在实施质量安全追溯前应先明确其要求。

（1）环节信息 所谓环节，指在农产品生产加工流通过程中农产品物态场所相对稳定、生产工艺条件相对固定、责任主体相对明确的组织，这是划分环节的原则，每个企业可以有所不同。茶叶生产企业的生产环节可以分为种植、加工、包装销售等 3 个相互独立的生产环节。种植生产环节又可包括育苗、田间管理、采收 3 个单元；加工销售生产环节包括收购、加工、包装、出入库、销售 5 个单元。

环节信息在纸质记录上应确切写明环节及其上游单位的名称或代码（该代码应在管理文件中注明其含义）。例如，一个茶叶加工企业与 5 个种植户组签订茶叶收购协议，每个种植户组有 3 个种植区域，各种植户组的种植区域各自实施相同的种植模式，则该茶叶加工企业组成 5×3=15 个环节。编码某种植户组时，如第 2 个种植户组的第 3 个种植区域，电子信息代码可编码为 203。

在电子信息中环节由一个或多个组件构成。以上所述 15 个环节，可组成 15 个组件。

（2）责任信息 责任信息是指能界定质量安全问题发生原因以外的信息，即记录信息的时间、地点和责任人。纸质记录信息的时间应尽量接近于农事活动的时间且准确记录，这就要求农事活动结束后能够及时准确地记录；同时，纸质记录也应及时且准确地录入追溯系统。这样，电子信息反映的就是真实的农事活动。鉴于茶叶生产加工包装的特殊性，纸质记录最迟也应于产品销售前全部录入追溯系统。

地点是指记录地点，一般来说，记录地点与环节一致，而在纸质记录上被省略。

责任人是指进行纸质信息记录的人员和电子信息的录入人员。在记录外购生产投入品时，应记录供应方的信息，以表示其责任。例如，外购农药应记录供应方的生产许可证号或批准文号（若进口农药，则为进口农药注册证号）、登记证号、产品批次号或生产日期。若生产经营主体购买没有生产许可证号的非法厂商农药且造成质量安全事故，则该厂商承担非法生产责任，生产经营主体承担购买非法产品的责任。登记证号是指该农药适用于何种植物，若登记作物为蔬菜，误用于茶叶且造成质量安全事故，则生产经营主体承担责任。产品批次号或生产日期是界定该农药是农药生产厂商生产的哪一批次或哪一天生产的，以便在由有资质的检验机构确定该批次或该天生产的农药有无质量问题，而不是让检验机构检验生产的全部农药产品。因此，生产许可证号或批准文号（若进口农药，则为进口农药注册证号）、登记证号、产品批次号或生产日期是外购农药的不可或缺的责任信息。

（3）*要素信息* 要素信息是指国家法律法规要求强制记录的信息以及影响追溯产品质量安全的信息。现分述如下：

①国家法律法规要求强制记录的信息。

依据国家有关规定确定要素信息。以农药为例，中华人民共和国国务院令第677号《农药管理条例》中规定，农产品生产企业、食品和食用农产品仓储企业、专业化病虫害防治服务组织和从事农产品生产的农民专业合作社等应当建立农药使用记录，如实记录使用农药的时间、地点、对象以及农药名称、用量、生产企业等。这些内容都影响到茶叶的农药残留问题。

②影响追溯产品质量安全的信息。

依据国家有关规定确定要素信息。例如，使用农药，中华人民共和国国务院令第677号《农药管理条例》中规定，对于农药生产者，用于食用农产品的农药的标签还应当标注安全间隔期。农药使用者应当遵从安全间隔期收获茶叶，以免造成质量安全事故。

2. 信息采集点

（1）*合理设置信息采集点的方法*

①在质量安全追溯的各个环节上设置信息采集点。

例如，茶叶种植环节的信息采集点包括投入品管理、田间管理和采

摘；鲜叶收购、加工和储藏销售一般均由茶业加工完成。加工厂的信息采集点一般需包括：包括鲜叶运输环节的鲜叶收购；加工过程中加工、检验、包装等；销售环节的储藏销售（如图 2-3 所示）。

②依据追溯精度保留或合并多个信息采集点。

例如，农民专业合作社有 3 个茶叶种植基地，每个种植基地有 5 个种植户组。当追溯精度为种植基地时，且各种植基地均按要求实施统一的种植模式，则设置 3 个信息采集点，再加上农业资料管理部、鲜叶采收，共 5 个信息采集点。若追溯精度为种植户组，每个种植基地需设置 5 个信息采集点，再加上农业资料管理部、鲜叶采收，共 17 个信息采集点。

③若同一环节内的要素信息有不同责任主体，则除了以上环节信息采集点外，还应在环节中设置要素信息采集点。

例如，在农民专业合作社的种植环节中农药采购不是由种植户负责，由专门的农药采购部门负责，则应增加农药采购信息采集点。

④若某工艺段同时可设为环节信息采集点和要素信息采集点，则仅设一个信息采集点。

（2）设置信息采集点时需注意点

①与质量安全无关的工艺段，不设信息采集点。

例如，茶叶种植过程中的采收环节，采收的方式有人工采收和机器采收，只影响鲜叶质量，而鲜叶质量并不影响产品标准规定的质量。由此可见，质量安全追溯不同于“全面质量管理”（TQC）。

②一个计算机可用于若干信息采集点。

多个信息采集点的纸质记录，利用一台计算机进行录入。则计算机数量可以少于信息采集点数量。

③信息采集点不应多设，也不应漏设。

多设会使信息采集烦琐，漏设会使信息缺失、断链乃至质量安全追溯无法进行。

④同一质量安全项可发生在数个工艺段上，应设数个信息采集点。

例如，茶叶中水分可发生在杀青、烘干、储藏 3 个工艺段，这 3 个工艺段都应设置信息采集点，以便追溯责任主体。

3. 信息采集方式

（1）纸质记录　企业设计的纸质记录应为表格形式，便于内容规范，易于录入计算机等电子信息采集设备。该表格的形式应符合 GB/T 1.1—2009《标准化工作导则　第 1 部分：标准的结构和编写》中规定，应具有表题、表头，所列内容齐全。

（2）电子记录　采用计算机或移动数据终端等采集信息，该信息通过局域网或移动数据终端传输。但应设备份，以免信息丢失或篡改；还应打印成纸质，责任人签字后备案。

4. 信息记录

（1）纸质记录要求

①真实、全面。

（a）记录内容与生产活动一致。不应不记、少记、乱记农事活动及投入品使用情况。

（b）记录人真实。由实际当事人记录并签名，不同部门的记录人不可代签名。

（c）记录时间真实。形成内容时及时记录，不应事后追记。

（d）记录所有应该记录的信息。包括上述的环节信息、责任信息和要素信息。

（e）记录能与上一环节唯一性对接的信息，以实施可追溯。例如，农药使用记录表应有农药通用名、生产厂商、批次号（或生产日期）。这 3 项内容可与农药购买记录表上的农药通用名、生产厂商、批次号（或生产日期）唯一性对接，追溯时不至于追溯到其他农药、其他生产厂商生产的同名农药、同一生产厂商生产同名但不同批次的农药，保证质量安全追溯的顺利进行。否则，会造成质量安全追溯的中断或不能达到预想的效果。

②规范、及时。

（a）格式化。首先，表题确切。每个表都应有一个表题，标明表的主题，如“农药使用信息表”。加入时间和环节信息则更好，如“2019 年第 1 种植户组农药使用信息表”，便于归档（以免烦琐地在表内或表下重复写入时间和环节信息）。

其次，表头包含全部信息项目。各项内容不重复、不遗漏；信息项目包括环节信息，生产链始端的环节（如农药使用记录）应符合追溯精度（如地块或种植户组），生产链终端的环节（如销售记录）应符合追溯深度（如销售商或批发商）；每个环节信息应包含上游环节（可用名称或代码）的部分信息（通用名、生产商名称、产品批次号），可唯一性地追溯到上游（农药库或供应商），否则无法实施可追溯。要素信息，如工艺条件、投入品、检验结果等。责任信息，如时间、地点、责任人。

环节信息和时间信息的年份可列于表题，表头仅涉及日期，对于数天才完成的农事，应列出时间的起始。责任人可列于表头或表下。

最后，表头项目所有量值单位应是法定计量单位。单位应具体，同一项目的单位应一致，如亩、千克。

（b）记录清晰、持久。用不褪色笔，字迹清晰，每栏须记（若无内容，记“无”），用杠改法修改（用单线或双线划在原记内容上，且能显示原内容，修改人盖章以示负责）。这样的记录使任何人无法篡改，只有记录人负责。

（c）上传追溯码前应具备所有纸质和电子记录。

（d）追溯产品投放市场前应具备所有纸质和电子记录。

（2）电子记录录入

①录入及时性。信息录入人员收到纸质记录后，应及时录入计算机，确保产品上市前信息录入完毕。

②录入准确性。

（a）准确地将纸质记录录入计算机等电子信息录入设备，因此电子信息应与纸质信息一致。

（b）若录入人员发现纸质信息有误，应通知纸质记录人员按杠改法修改，计算机操作人员无权修改纸质记录。

（3）原始记录档案保存

①原始记录应及时归档，装订成册，每册有目录，查找方便。

②原始档案应有固定场所保存，有防止档案损坏、遗失的措施。

5. 灌溉水水质监测及其信息记录

（1）水质质量监测

①生活饮用水，即供居民的自来水，不需环境监测。

②生活饮用水水源，如政府管理的水库，不需环境监测。

③深井水，即供水层为土层下的基岩，且井壁密封；深井水的水量常年稳定；水质稳定，不受地表水和土层渗水影响。能够提供地质地矿等相关部门出具的深井水证明材料时，不需环境监测。

④浅井水，即供水层为土层。浅井水的水量不稳定，丰水期（7、8月份为典型）水位上升，枯水期（1、2月份为典型）水位下降；水质不稳定，受地表水和土层渗水影响。需每年丰水期及枯水期各做一次环境监测，监测项目为上述的重金属和农药。

⑤地表水，包括河、溪、湖以及非生活饮用水水源的水库等。需每年丰水期及枯水期各做一次环境监测，监测项目为上述的重金属和农药。

（2）水质监测信息

①普通食品和有机产品水质监测项目。

应执行GB 5084—2005《农田灌溉水质标准》，不应执行GB 3838—

2002《地面水环境质量标准》和 GB/T 14848—2017《地下水质量标准》，只要达到 GB 5084—2005《农田灌溉水质标准》要求的，不管地面水或地下水均可以应用。农田灌溉用水水质基本控制项目标准值见表 2-15、农田灌溉用水水质选择性控制项目标准值见表 2-16。

表 2-15 农田灌溉用水水质基本控制项目标准值

序号	项目类别	作物种类
		旱作
1	五日生化需氧量（mg/L）	≤100
2	化学需氧量（mg/L）	≤200
3	悬浮物（mg/L）	≤100
4	阴离子表面活性剂（mg/L）	≤8
5	水温（℃）	≤35
6	pH	5.5～8.5
7	全盐量（mg/L）	≤1 000[a]（非盐碱土地区），2 000[a]（盐碱土地区）
8	氯化物（mg/L）	≤350
9	硫化物（mg/L）	≤1
10	总汞（mg/L）	≤0.001
11	镉（mg/L）	≤0.01
12	总砷（mg/L）	≤0.1
13	铬（六价）（mg/L）	≤0.1
14	铅（mg/L）	≤0.2
15	粪大肠菌群数（个/100mL）	≤4 000
16	蛔虫卵（个/L）	≤2

[a] 具有一定的水利灌排设施，能保证一定的排水和地下水径流条件的地区，或有一定淡水资源能满足冲洗土体中盐分的地区，农田灌溉水质全盐量指标可适当放宽。

表 2-16 农田灌溉用水水质选择性控制项目标准值

序号	项目类别	作物种类
		旱作
1	铜（mg/L）	≤1
2	锌（mg/L）	≤2
3	硒（mg/L）	≤0.02

（续）

序号	项目类别	作物种类
		旱作
4	氟化物（mg/L）	≤2（一般地区），≤3（高氟区）
5	氰化物（mg/L）	≤0.5
6	石油类（mg/L）	≤10
7	挥发酚（mg/L）	≤1
8	苯（mg/L）	≤2.5
9	三氯乙醛（mg/L）	≤0.5
10	丙烯醛（mg/L）	≤0.5
11	硼（mg/L）	≤1[a]（对硼敏感作物）， ≤2[b]（对硼耐受性较强的作物）， ≤3[c]（对硼耐受性强的作物）

[a] 对硼敏感作物，如黄瓜、豆类、马铃薯、笋瓜、韭菜、洋葱、柑橘等。

[b] 对硼耐受性较强的作物，如小麦、玉米、青椒、小白菜、葱等。

[c] 对硼耐受性强的作物，如水稻、萝卜、油菜、甘蓝等。

②绿色食品水质监测项目。应执行 NY/T 391—2013《绿色食品 产地环境质量》，该标准中规定了农田灌溉水质要求，农田灌溉水质要求见表 2-17。

表 2-17 农田灌溉水质要求

项目	指标
pH	5.5～8.5
总汞（mg/L）	≤0.001
总镉（mg/L）	≤0.005
总砷（mg/L）	≤0.05
总铅（mg/L）	≤0.1
六价铬（mg/L）	≤0.1
氟化物（mg/L）	≤2.0
化学需氧量（CODcr）（mg/L）	≤60
石油类（mg/L）	≤1.0

③水质监测结果信息记录。监测结果需要记录的信息包括水源类型、

取样的地点、时间、监测机构、监测结果等信息灌溉用水水质监测信息表见表 2-18。

表 2-18 水质监测结果信息记录表

序号	水源类型	监测机构	监测时间	监测地点	监测结果（mg/L）				记录日期	记录人
					项目 1	项目 2	项目 3	……		

6. 土壤环境监测及其记录信息

（1）土壤质量监测

①普通茶叶产品和有机产品土壤监测项目。普通农产品和有机农产品土壤监测执行 GB 15618—2018《土壤环境质量　农用地土壤污染风险管控标准（试行）》。其中，规定农用地土壤污染风险筛选值的基本项目为必测项目，包括镉、汞、砷、铅、铬、铜、镍、锌，农用地土壤污染风险筛选值（基本项目）见表 2-19。农用地土壤污染风险筛选值（其他项目）见表 2-20。农用地土壤污染风险管制值见表 2-21。

表 2-19 农用地土壤污染风险筛选值（基本项目）

单位：mg/kg

序号	污染物项目[ab]		风险筛选值			
			pH≤5.5	5.5＜pH≤6.5	6.5＜pH≤7.5	pH＞7.5
1	镉	水田	0.3	0.4	0.6	0.8
		其他	0.3	0.3	0.3	0.6
2	汞	水田	0.5	0.5	0.6	1.0
		其他	1.3	1.8	2.4	3.4
3	砷	水田	30	30	25	20
		其他	40	40	30	25
4	铅	水田	80	100	140	240
		其他	70	90	120	170
5	铬	水田	250	250	300	350
		其他	150	150	200	250
6	铜	果园	150	150	200	200
		其他	50	50	100	100
7	镍		60	70	100	190

（续）

序号	污染物项目[ab]	风险筛选值			
		pH≤5.5	5.5＜pH≤6.5	6.5＜pH≤7.5	pH＞7.5
8	锌	200	200	250	300

a 重金属和类金属砷均按元素总量计。

b 对于水旱轮作地，采用其中较严格的风险筛选值。

表 2-20 农用地土壤污染风险筛选值（其他项目）

单位：mg/kg

序号	污染物项目	风险筛选值
1	六六六总量[a]	0.10
2	滴滴涕总量[b]	0.10
3	苯并［a］芘	0.55

a 六六六总量为α-六六六、β-六六六、γ-六六六、δ-六六六 4 种异构体的含量总和。

b 滴滴涕总量为 p，p′-滴滴伊、p，p′-滴滴滴、o，p′-滴滴涕、p，p′-滴滴涕 4 种衍生物的含量总和。

表 2-21 农用地土壤污染风险管制值

单位：mg/kg

序号	污染物项目	风险筛选值			
		pH≤5.5	5.5＜pH≤6.5	6.5＜pH≤7.5	pH＞7.5
1	镉	1.5	2.0	3.0	4.0
2	汞	2.0	2.5	4.0	6.0
3	砷	200	150	120	100
4	铅	400	500	700	1 000
5	铬	800	850	1 000	1 300

农用地土壤污染风险筛选值和管制值的使用：

（a）当土壤中污染物含量等于或者低于表 2-19 和表 2-20 规定的风险筛选值时，农用地土壤污染风险低，一般情况下可以忽略；高于表 2-19 和表 2-20 规定的风险筛选值时，可能存在农用地土壤污染风险，应加强土壤环境监测和农产品协同监测。

（b）当土壤中镉、汞、砷、铅、铬的含量高于表 2-19 规定的风险筛选值、等于或者低于表 2-21 规定的风险管制值时，可能存在食用农产品不符合质量安全标准等土壤污染风险，原则上应当采取农艺调控、替代种植等安全利用措施。

（c）当土壤中镉、汞、砷、铅、铬的含量高于表 2-21 规定的风险管制值时，食用农产品不符合质量安全标准等农用地土壤污染风险高，且难以通过安全利用措施降低食用农产品不符合质量安全标准等农用地土壤污染风险，原则上应当采取禁止种植食用农产品、退耕还林等严格管控措施。

②绿色食品茶叶土壤监测项目。绿色食品土壤监测应执行 NY/T 391—2013《绿色食品　产地环境质量》。该标准中规定了土壤质量要求，土壤质量要求见表 2-22。

表 2-22　土壤质量要求

项目	旱田			水田			检测方法
	pH<6.5	6.5≤pH≤7.5	pH>7.5	pH<6.5	6.5≤pH≤7.5	pH>7.5	NY/T 1377
总镉(mg/kg)	≤0.30	≤0.30	≤0.40	≤0.30	≤0.30	≤0.40	GB/T 17141
总汞(mg/kg)	≤0.25	≤0.30	≤0.35	≤0.30	≤0.40	≤0.40	GB/T 22105.1
总砷(mg/kg)	≤25	≤20	≤20	≤20	≤20	≤15	GB/T 22105.2
总铅(mg/kg)	≤50	≤50	≤50	≤50	≤50	≤50	GB/T 17141
总铬(mg/kg)	≤120	≤120	≤120	≤120	≤120	≤120	HJ 491
总铜(mg/kg)	≤50	≤60	≤60	≤50	≤60	≤60	HJ 491

注：1. 果园土壤中铜限量值为旱田中铜限量值的 2 倍。
2. 水旱轮作的标准值取严不取宽。
3. 底泥按照水田标准值执行。

（2）土壤环境监测信息

监测结果主要记录取样的地点、时间、监测机构、监测结果等信息。土壤监测结果信息记录表见表 2-23。

表 2-23　土壤监测信息表

序号	监测机构	监测时间	监测地点	监测结果（mg/kg）				记录日期	记录人
				项目 1	项目 2	项目 3	…		

7. 空气环境监测及其信息记录

（1）空气质量监测

①普通农产品和有机产品生产基地空气质量监测。生产基地环境空气质量应满足 GB 3095—2012《环境空气质量标准》二级标准。环境空气污

染物基本项目浓度限值见表 2-24，环境空气污染物其他项目浓度限值见表 2-25。

表 2-24 环境空气污染物基本项目浓度限值

序号	污染物项目	平均时间	浓度限值		单位
			一级	二级	
1	二氧化硫（SO_2）	年平均	20	60	μg/m³
		24h 平均	50	150	
		1h 平均	150	500	
2	二氧化氮（NO_2）	年平均	40	40	
		24h 平均	80	80	
		1h 平均	200	200	
3	一氧化碳（CO）	24h 平均	4	4	mg/m³
		1h 平均	10	10	
4	臭氧（O_3）	日最大 8h 平均	100	160	μg/m³
		1h 平均	160	200	
5	颗粒物（粒径小于等于 10μm）	年平均	40	70	
		24h 平均	50	150	
6	颗粒物（粒径小于等于 2.5μm）	年平均	15	35	
		24h 平均	35	75	

表 2-25 环境空气污染物其他项目浓度限值

序号	污染物项目	平均时间	浓度限值		单位
			一级	二级	
1	总悬浮颗粒物（TSP）	年平均	80	200	μg/m³
		24h 平均	120	300	
2	氮氧化物（NO_X）	年平均	50	50	
		24h 平均	100	100	
		1h 平均	250	250	
3	铅（Pb）	年平均	0.5	0.5	
		季平均	1	1	
4	苯并［a］芘（BaP）	年平均	0.001	0.001	
		24h 平均	0.002 5	0.002 5	

②绿色食品茶叶生产基地空气质量监测

NY/T 1054—2013《绿色食品 产地环境调查、监测与评价规范》

中规定产地周围5km、主导风向的上风向20km内无工矿污染源的种植业区可以免测大气质量。需要测空气质量时，生产基地环境空气质量应满足NY/T 391—2013《绿色食品　产地环境质量》。该标准中规定了空气质量要求，空气质量要求（标准状态）见表2-26。

表2-26　空气质量要求（标准状态）

项目	指标		检测方法
	日平均[a]	1h[b]	
总悬浮颗粒物（mg/m^3）	≤0.30	—	GB/T 15432
二氧化硫（mg/m^3）	≤0.15	≤0.50	HJ 482
二氧化氮（mg/m^3）	≤0.08	≤0.20	HJ 479
氟化物（$\mu g/m^3$）	≤7	≤20	HJ 480

[a] 日平均指任何一日的平均指标。
[b] 1小时指任何一小时的指标。

（2）空气环境监测信息

监测结果主要记录取样的地点、时间、监测机构、监测结果等信息。空气监测结果信息记录表见表2-27。

表2-27　空气环境监测信息表

序号	监测机构	监测时间	监测地点	监测结果				记录日期	记录人
				项目1	项目2	项目3	……		

二、生产信息

【标准原文】

6.2　生产信息

种苗；农药、肥料的品种、来源、使用和管理；检验结果；采摘的人员、时间和数量等信息。

【内容解读】

1. 种苗

应根据当地自然条件、所制茶类选择适宜的品种，优先使用无性系良种。苗木质量应符合GB 11767—2003《茶树种苗》的要求，应具有检疫合格证、质量合格证或相关有效证明。茶树种苗记录信息包括种苗品种、株数、苗龄等信息，便于统计产品类别、产量等与产品质量相关溯源

信息。

2. 农药、肥料的品种、来源、使用和管理

《农药管理条例》第三十四条规定，农药使用者应当严格按照农药的标签标注的使用范围、使用方法和剂量、使用技术要求和注意事项使用农药，不得扩大使用范围、加大用药剂量或者改变使用方法。第三十六条规定，农产品生产企业、食品和食用农产品仓储企业、专业化病虫害防治服务组织和从事农产品生产的农民专业合作社等应当建立农药使用记录，如实记录使用农药的时间、地点、对象、农药名称、用量、生产企业等。农药使用记录应当保存2年以上。

茶叶生产经营主体宜建立农药、肥料等投入品管理制度，严格管理，记录其购买、使用等相关信息。

3. 检验结果

检验结果主要是指对鲜叶质量的检验。鲜叶质量的检验主要目的是对其质量进行分级。生产经营主体应指定专门的检验人员对鲜叶质量进行检验，检验项目主要包括新鲜度、匀度、嫩度和净度等，检验结果应形成记录。

4. 采摘的人员、时间和数量等信息

生产经营主体应记录采摘人员的姓名、采摘时间和采摘数量。采茶机械应使用无铅汽油和机油，防止污染鲜叶、茶树和土壤。

【实际操作】

1. 农药使用及其信息记录内容

农药在种植环节使用，用来预防或者控制危害农业、林业的病、虫、草、鼠和其他有害生物，以及有目的地调节植物、昆虫生长的化学合成或者来源于生物、其他天然物质的一种物质或者几种物质的混合物及其制剂。农药广泛、直接暴露于环境中，扩散、残留、富集是化学农药不可避免且难以克服的对环境的影响，为此需要记录农药的来源及使用情况。

农药按来源分类可分为有机合成农药（有机氯 、有机磷、氨基甲酸酯、拟除虫菊酯等）、生物源农药（微生物源农药 、动物源农药和植物源农药，如杀虫剂苏云金杆菌、杀菌剂农用抗生素制剂井冈霉素）和矿物源农药（硫制剂、铜制剂和矿物油乳剂等）。按用途分可分为杀虫剂、杀螨剂、除草剂、杀菌剂、植物生长调节剂、杀鼠剂、杀线虫剂和杀螺剂等。

（1）农药使用原则 农药使用应合理安全，宜采用物理方式灭虫（如

图 2-15 所示），农药使用应遵循以下原则：

图 2-15　茶园太阳能灭虫灯示例

①不使用禁用农药；

②用药少、效果好，避免盲目使用、超范围使用、超剂量使用。应预防为主，治理为辅，科学用药；

③避免和延缓虫菌产生抗药性，可多种农药混合使用，以避免单一农药不合理的多次重复使用；

④收获离用药时间应不少于安全间隔期（最后一次用药距收获的天数）。安全间隔期取决于农药品种、有效成分含量、剂型、稀释倍数、用药量、用药方式等，少则 1d，多则 45d。应参照 GB/T 8321《农药合理使用准则》及其他有关规定；

⑤对植物无药害，对人畜禽和有益生物安全，减少环境污染，应注重科学用药方式和人畜禽防护。

（2）禁止购买证件不全的农药　根据中华人民共和国国务院 2017 年第 677 号令《农药管理条例》中的规定，农药经营者采购农药应当查验产品包装、标签、产品质量检验合格证以及有关许可证明文件，不得向未取得农药生产许可证的农药生产企业或者未取得农药经营许可证的其他农药经营者采购农药。

（3）禁止不按国家标准使用农药　根据 GB/T 8321《农药合理使用准则》系列标准，确定使用的剂型、含量、适用作物、防治对象、使用量或稀释倍数、用药方式、使用次数、安全间隔期。不按此使用，由使用者承担责任。

（4）茶叶中禁止（停止）使用的农药

①茶叶中禁止使用的农药见表 2-28。

表 2-28 茶叶中禁止（停止）使用的农药（46 种）

序号	农药名称	公告	序号	农药名称	公告
1	六六六	农业部公告第 199 号	24	苯线磷	农业部公告第 1586 号
2	滴滴涕		25	地虫硫磷	
3	毒杀芬		26	甲基硫环磷	
4	艾氏剂		27	磷化钙	
5	狄氏剂		28	磷化镁	
6	二溴氯丙烷		29	磷化锌	
7	杀虫脒		30	硫线磷	
8	二溴乙烷		31	蝇毒磷	
9	除草醚		32	治螟磷	
10	敌枯双		33	特丁硫磷	
11	砷类		34	氯磺隆	农业部公告第 2032 号
12	铅类		35	胺苯磺隆	
13	汞制剂		36	甲磺隆	
14	氟乙酰胺		37	福美胂	
15	甘氟		38	福美甲胂	
16	毒鼠强		39	三氯杀螨醇	农业部公告第 2445 号
17	氟乙酸钠		40	百草枯	
18	毒鼠硅		41	2，4-滴丁酯	
19	甲胺磷	农业部公告第 274 号	42	硫丹	农业部公告第 2552 号
20	对硫磷		43	溴甲烷	
21	甲基对硫磷		44	杀扑磷	农业部公告第 2289 号
22	久效磷		45	氟虫胺	农业农村部公告第 148 号
23	磷胺		46	林丹	生态环境部公告 2019 年第 10 号

注：氟虫胺自 2020 年 1 月 1 日起禁止使用；百草枯可溶胶剂自 2020 年 9 月 26 日起禁止使用；2，4-滴丁酯自 2023 年 1 月 29 日起禁止使用；溴甲烷可用于“检疫熏蒸处理”；杀扑磷已无制剂登记。

②在部分范围禁止使用的农药，见表 2-29。

表 2-29 部分范围禁止使用的农药（16 种）

通用名	禁止使用范围
甲拌磷、甲基异柳磷、克百威、水胺硫磷、氧乐果、灭多威、涕灭威、灭线磷	禁止在蔬菜、瓜果、茶叶、菌类、中草药材上使用，禁止用于防治卫生害虫，禁止用于水生植物的病虫害防治

（续）

通用名	禁止使用范围
内吸磷、硫环磷、氯唑磷	禁止在蔬菜、瓜果、茶叶、中草药材上使用
乙酰甲胺磷、丁硫克百威、乐果	禁止在蔬菜、瓜果、茶叶、菌类和中草药材上使用
氰戊菊酯	禁止在茶叶上使用
氟虫腈	禁止在所有农作物上使用（玉米等部分旱田种子包衣除外）

（5）农药购买、使用信息记录内容　信息记录表需列信息如下：

①农药名称：通用名称，不用商品名称（由于商品名称多样，不规范，不利于质量安全追溯，应使用通用名称，即农药登记时的名称）；

②农药来源：应注明供应商名称，同时应注明“三证号”，即生产许可证号或批准文件号（表明我国法律和行政管理部门允许生产）、登记证号（表明法律和行政管理部门允许用于的作物）、产品批号或生产日期（标明批次，便于追溯）；

③使用作物及防治对象；

④有效成分含量和剂型：商品复配农药应注明每种农药的含量；

⑤稀释倍数；

⑥使用量；

⑦使用方式；

⑧使用地块；

⑨使用环节、次数和时间；

⑩收获日期及安全间隔期；

⑪用药责任人；

⑫需记录的其他信息（备注）：自行复配农药的复配方式等。

将以上12项加上环节和责任信息，制成信息表（表2-30）。

表2-30　××××年××农户组农药采购和使用信息表

序号	环节	采集点	通用名	生产商名称	生产许可证号	登记证号	产品批次号（或生产日期）	购买数量（t或kg）	有效期	使用作物及防治对象	剂型及含量	稀释倍数	使用量（g或mL/667m²）	使用方式	安全间隔期	使用时间	使用地块	用药责任人	备注

若农药采购和使用不是一个组织或个人，则分成2张表（表2-31及

表2-32)。该两张表依据通用名、生产商名称、产品批次号（或生产日期）可以作唯一性对接，实施追溯；或者在使用信息表上用农药采购序号代替生产商名称、产品批次号（或生产日期），也可作唯一性对接，实施追溯。

表2-31 ××××年农资供应科农药采购信息表

序号	环节	采集点	通用名	生产商名称	生产许可证号	登记证号	产品批次号（或生产日期）	购买数量（t或kg）	有效期	安全间隔期	购买时间	购买人	备注

表2-32 ××××年××农户组农药使用信息表

序号	环节	采集点	通用名	生产商名称	产品批次号（或生产日期）	使用作物及防治对象	剂型及含量	稀释倍数	使用量（g或mL/667m²）	使用方式	安全间隔期	使用时间	使用地块	用药责任人	备注

2. 肥料施用及其信息记录内容

（1）肥料种类 肥料分类方法很多，按成分化学性质分为有机、无机和有机无机肥料；按养分数量分为单一、配方肥料；按肥效分为速效、缓效（缓释）肥料；按物理状态分为固体肥料、液体肥料等。这就造成了社会上出现各种各样的肥料名称。因此，应从农业生产角度分类，便于实践施用。

①从施用方式及目的进行分类。

（a）基肥（底肥）：作物播种或移栽前结合土壤耕作施用的肥料。施用量大，以有机肥和氮、磷、钾肥为主。除以上肥种外，可适量施用微量元素肥。

（b）种肥：拌种或定植时施于幼苗附近的肥料。多用有机肥、速效化肥或菌肥。

（c）追肥：植物生长发育期间追施的肥料。多用速效化肥，施于土壤的称土壤追肥，施于叶面的称叶面追肥。

②从肥料来源进行分类。

（a）有机肥（农家肥）：营养成分多样，且可改良土壤，常用作基肥。

它可分为以下5种：

第一种为粪尿肥，包括人及畜禽粪尿。这种肥料施用前必须充分腐熟，以杀死其中细菌和寄生虫。腐熟方法应因地制宜，如北方多次拌土日晒，直至基本无臭味、无黏稠粪粒，也可适量拌用杀菌液制成土肥，但不可不拌土晒成干粪；南方高温多雨，可粪尿长期混存，也可适量拌用杀菌液，制成水肥。工业生产时，可拌黏土（红土或黑土），通过好氧发酵或厌氧发酵，然后造粒，制成粒肥。

第二种为堆沤肥，包括畜禽圈舍粪尿拌以土、草、秸秆形成的厩肥，采用圈内堆沤腐熟方法或圈舍外堆沤腐熟方法；人畜禽粪尿拌以生活污水、土、草、秸秆、适量石灰形成的堆肥，可采取日晒发酵；人粪尿拌以泥土和草、秸秆、绿肥等植物，在淹水状态下形成的沤肥，可采取长期存放发酵。

第三种为绿肥，绿肥品种多样，常见的有作物绿色叶、茎翻入土壤的肥料，包括部分大田作物和蔬菜收获后翻入土壤的绿肥、苜蓿等多年生绿肥、水萝卜和水葫芦等水生绿肥。

第四种为秸秆肥，即大田作物秸秆翻入土壤的肥料。

第五种为饼肥，即油料作物籽实榨油后剩下的残渣做成的肥料。

（b）化肥：营养成分含量高，肥效快，常用作追肥。它可分为以下2种：

一是大量元素肥料，主要包括氮肥（常用的尿素、一铵、二铵）、磷肥（常用的一铵、二铵以及肥效缓慢的过磷酸钙）、钾肥（常用的硫酸钾以及个别作物用的氯化钾）。除此以外，还有酸性土壤和缺钙土壤用的钙肥（常用生碳、熟石灰和碳酸钙）、酸性土壤和缺镁土壤用的镁肥（常用硫酸镁、硝酸镁、碳酸镁和菱镁矿）、碱性土壤和缺硫土壤用的硫肥（常用与其他元素结合的硫酸盐）。

二是微量元素肥料，主要呈复混肥（复合肥和混合肥总称）形式，可呈氮磷钾肥，也可混入多种微量元素呈复混肥。金属元素主要呈硫酸盐、氯化物形式，如铁、锰、铜、锌；非金属元素主要呈酸性氧化物、含氧酸形式，如硼、钼；而氯则结合其他元素，呈氯化物，并无单独的氯肥。

三是微生物肥料（菌肥）：含有活性微生物的肥料，起到特定的肥效。如根瘤菌肥料、固氮菌肥料以及复合微生物肥料等。

（2）*肥料施用原则* 肥料的作用是供给植物养分，提高农产品产量和质量；培肥地力，使土壤保持可持续的肥力；改良土壤，维护团粒结构，保持良好的通气性和养分输送能力不污染环境，避免土壤重金属等有害成

分积累和暴雨径流致使的水体富营养化，即“提高作物产量和品质，提高土壤肥力，提高肥料效益，不对环境造成污染”。为此，可根据作物特性，因地制宜地采取配方施肥、测土施肥、深施、混施、使用缓释肥料，并对有机肥进行无害化处理。

（3）肥料施用的信息记录内容 肥料施用信息中的要素信息具体内容如下：

①肥料名称。应记录通用名称。若有可能，应记录有效成分及其含量。

②肥料来源。当地自产，如腐熟农家肥（如堆沤肥，包括畜禽圈舍粪尿拌以土、草、秸秆形成的厩肥），应注明腐熟方法（日晒发酵；人粪尿拌以泥土和草、秸秆、绿肥等植物，在淹水状态下形成的沤肥，可采取长期存放发酵等）；外地出产的腐熟农家肥应注明生产地点（或单位）。

③商品肥应注明产品标准。

④施用作物。

⑤施用环节。包括拌种施肥、定植施肥、基肥、生长时期土壤追肥、生长时期或开花结果时期的叶面追肥。

⑥施用量。

⑦施肥地块。

⑧施肥时间。

⑨施肥责任人。

⑩需记录的其他信息，如农家肥腐熟方式等。

将以上 10 项制成肥料施用信息表，见表 2-33。

表 2-33 肥料施用信息表

肥料名称	肥料来源	肥料产品标准	施用作物	施用环节	施用量（kg）	施肥地块	施肥时间	施肥责任人	备注

3. 检验结果、采摘人员、时间和数量信息记录内容

鲜叶从适制品种山茶属茶种茶树上采摘的芽、叶、嫩茎，作为各类茶叶加工的原料，鲜叶等级标准根据不同茶类、品种也不尽相同，鲜叶质量的好坏直接关系到茶叶质量的优劣，是形成茶叶质量的基础。因此，鲜叶采收后需及时进行验收。鲜叶采收后由检验人员对每批次产品进行检验，检验项目主要包括嫩度、匀度、净度等，并记录其检验结果。

检验结果、采摘人员、时间和数量信息用一张表来记录，内容见表 2-34。

表 2-34　鲜叶检验结果记录表

鲜叶批次号	采摘日期	采摘品种	采摘方式	数量（kg）	采摘人	检验项目			检验结果	检验人	备注
						嫩度	匀度	净度			

三、原料信息

【标准原文】

6.3　原料信息

鲜叶的分级、收集时间和运输等信息。

【内容解读】

1. 鲜叶的分级

盛装鲜叶的容器应采用通风、无毒无味、易清洁材料制作。鲜叶进厂后应进行分级处理，依据鲜叶的大小及其匀整度，选择适宜的分级工艺参数。茶叶生产经营主体应制定鲜叶分级的标准或操作规程，并记录分级的结果。

2. 收集时间和运输信息

加工企业在收购鲜叶运输时，应对运输批次进行编码，并记录相关信息。当每天仅有一个运输批次时，运输批次代码可用运输日期代码；当每天有多个运输批次时，应对不同批次进行编码，运输批次代码可由运输日期和批次代码组成，批次代码为数字。运输批次编码档案可使用汉字或数字，其内容应至少包括收集时间、车辆信息、负责人等。

【实际操作】

1. 鲜叶分级依据

鲜叶作为各类茶叶加工的原料，鲜叶等级标准根据不同茶类、品种也不尽相同。鲜叶质量的好坏直接关系到茶叶质量的优劣，是形成茶叶质量的基础。鲜叶盛装、运输中，应轻放、轻翻、禁压，以减少机械损伤。鲜叶采收后需及时进行分级。分级的依据包括嫩度、匀度、净度、芽叶组成等。

鲜叶嫩度是茶叶加工对鲜叶要求的主要指标。从内在成分来判断，鲜叶嫩度以纤维素含量表示，纤维素含量越高，鲜叶就越粗老。当然也可从芽叶色泽和叶质柔软程度进行判断，一般芽叶色泽呈黄绿色要比呈绿色鲜叶嫩度好，而绿色的鲜叶要比深绿色的嫩度好；叶质柔软的要比叶质硬的鲜叶嫩度好。

在鲜叶质量的感官评定时，一般用芽叶组成来判断。芽叶组成一般指鲜叶总体集合的各部分重量百分率，包括一芽一叶、一芽二叶、一芽三叶、一芽四叶、对夹二叶、对夹三叶、对夹四叶、单片、碎片、嫩茎、夹杂物等。根据不同茶类选择不同芽叶组成进行分级。

鲜叶匀度是指芽叶组成均匀一致的程度。采自同一品种、同一生长条件和长势的茶树的同样嫩度的鲜叶，表示匀度好；采自不同茶树，但采摘标准一致，所采鲜叶中某种芽叶占绝大多数，大小均匀，芽叶色泽也较一致，也表示匀度好。

鲜叶净度是指鲜叶内不夹带杂物、纯净一致的程度。若采摘时，把长在茶树上的杂草或受病虫危害的芽叶一起带入，鲜叶的净度就比较差；或盛装鲜叶的容器的边屑或鲜叶储存过程中杂物混入，也会造成净度差。任何质量良好的茶叶，都要求用净度好的鲜叶进行加工，特别是不能有非茶类夹杂物。

2. 鲜叶分级信息记录内容

记录鲜叶分级的目的是将不同等级、不同品种、不同采摘时间的鲜叶、雨水叶与晴天叶分开摊放，分别加工。运输鲜叶的工具应清洁卫生。运输时禁止与其他易污染的物品混运。运输鲜叶过程中不能遭到直接日晒、雨淋，避免污染。鲜叶分级后应进行验收，收集时间和运输信息可与鲜叶验收记录表一同记录，鲜叶分级信息记录见表 2-35。

表 2-35 鲜叶分级信息记录表

基地编码	采摘日期	鲜叶批次号	数量（kg）	等级	收集时间	运输车辆	储存地点	负责人

四、加工信息

【标准原文】

6.4 加工信息

产品类别、加工工艺、日期、批次、设施、产量、质量、人员等信息。

【内容解读】

1. 产品类别

茶叶分类按照加工工艺、产品特性为主，结合茶树品种、鲜叶原料、生产地域进行分类。根据 GB/T 30766—2014《茶叶分类》，茶叶可分为 7

大类，具体分类见表 2-36。茶叶生产经营主体可自行编制产品代码，考虑到产品类别的增加，可设置两位代码长度。

表 2-36　茶叶产品类别

序号	产品类别	产品细类	对应 GB/T 7635.1—2002 代码	对应 NY/T 3177—2018 产品代码
1	绿茶	炒青绿茶	01612·011、01612·016	01 07 01 01 01
		烘青绿茶	01612·012、01612·017	01 07 01 01 02
		蒸青绿茶	—	01 07 01 01 03
		晒青绿茶	01612·013	01 07 01 01 04
		其他绿茶	01612·99	01 07 01 01 99
2	红茶	工夫红茶	01612·102	01 07 01 02 01
		小种红茶	01612·105	01 07 01 02 02
		红碎茶	01612·104	01 07 01 02 03
		其他红茶	01612·199	01 07 01 02 99
3	乌龙茶	闽南乌龙茶	01612·301、01612·302	01 07 01 03 01
		闽北乌龙茶	01612·301、01612·302	01 07 01 03 02
		台湾乌龙茶	—	01 07 01 03 03
		广东乌龙茶	01612·301、01612·302	01 07 01 03 04
		其他乌龙茶	01612·399	01 07 01 03 99
4	白茶	白茶	01612·014	01 07 01 04
5	黄茶	黄茶	01612·015	01 07 01 05
6	黑茶	湖南黑茶	01612·401、01612·402	01 07 01 06 01
		湖北黑茶	01612·401、01612·402	01 07 01 06 02
		四川黑茶	01612·401、01612·402	01 07 01 06 04
		广西黑茶	01612·401、01612·402	01 07 01 06 06
		云南黑茶	01612·401、01612·402	01 07 01 06 05
		其他黑茶	01612·499	01 07 01 06 99
7	再加工茶	花茶	01612·200～01612·299 23913·200～23913·299	01 07 01 07 01
		紧压茶	01612·400～01612·499	—
		袋泡茶	23914·400	01 07 01 07 04
		粉茶	23914·010	01 07 01 07 03

2. 加工工艺

按不同产品的要求，采用相应的加工工艺进行加工。根据不同茶叶

的工艺要求编写相应的加工操作手册，包括茶叶加工技术和质量关键控制点的要求。加工各环节操作技术应设置在醒目处，以便操作过程可见。

3. 日期

食品成为最终产品的日期，也包括包装日期，即将食品装入包装物或容器中，形成最终销售单元的日期。日期标示应满足如下要求：

（1）应清晰标示预包装食品的生产日期和保质期 如日期标示采用“见包装物某部位”的形式，标示所在包装物的具体部位。日期标示不得另外加贴、补印或篡改。

（2）当同一预包装内含有多个标示了生产日期及保质期的单件预包装食品时，外包装上标示的保质期应按最早到期的单件食品的保质期计算。外包装上标示的生产日期应为最早生产的单件食品的生产日期，或外包装形成销售单元的日期；也可在外包装上分别标示各单件装食品的生产日期和保质期。

（3）应按年、月、日的顺序标示日期，如果不按此顺序标示，应注明日期标示顺序。

4. 批次

同一批投料生产、同一班次加工过程中形成的独立数量的产品为一个批次，同批产品的品质和规格一致。

5. 设施

设施包括加工车间及配套的社保。加工车间内部布置应与工艺流程和加工规模相适应，能满足工艺、质量和卫生的要求。各类型茶叶加工所涉及的生产加工包装设备主要包括杀青机、摇青机、揉捻机、理条机、烘干机、拣梗机、圆筛机、滚切机、烘焙提香机、包装机等。

6. 产量

茶叶生产经营主体应记录各产品类别和生产批次的产量。

7. 质量

有效记录茶叶生产过程中各个工艺段的产品质量情况，以证实所有的加工操作符合相应的要求，并记录与质量相关的工艺条件和责任人，实现可追溯性。

8. 人员

与质量安全相关的加工过程，均须记录操作负责人。所有操作危险或者复杂设备的人员都应经过必要的操作技能和安全防护知识培训。采茶、修剪等人员应进行必要的操作技能和卫生知识培训。培训内容及考核结果须记录归档。

【实际操作】

1. 加工工艺信息记录内容

(1) 茶叶加工主要工艺　按不同茶类的要求，采用相应的加工工艺方案进行加工。重点控制好每个工序的温度、时间、投叶量等工艺技术参数。根据茶叶品种和制茶种类选择合适的加工工艺，并选择对产品质量安全有影响的工艺段作为关键控制点。

①杀青。杀青是形成绿茶品质的关键技术措施，其主要目的：一是彻底破坏鲜叶中酶的活性，制止多酚类化合物的酶促氧化，以获得茶叶应有的色香味；二是散发青草气，发展茶香；三是蒸发一部分水分使之变为柔软，增强韧性，便于揉捻成型。

②揉捻。揉捻的目的是缩小体积、为炒干成型打好基础，同时适当破坏叶组织，既要茶汁容易泡出又要耐冲泡。揉捻一般分为热揉和冷揉。所谓热揉，就是杀青叶不经堆放，趁热揉捻；所谓冷揉，就是杀青叶出锅后，经过一段时间的摊放，使叶温下降到一定程度时揉捻。

③干燥。干燥的目的是在杀青的基础上继续使内含物发生变化，提高内在品质；其次是在揉捻的基础上整理条索，改进外形；再次是排出过多水分，防止霉变，便于储藏。常用于干燥工艺的茶叶烘干机示例，见图2-16。经干燥的茶叶须达到安全保存的条件。

图 2-16　茶叶烘干机示例

④萎凋。在一定的温度、湿度条件下均匀摊放，适度促进鲜叶酶的活性，内含物质发生适度物理、化学变化，散发部分水分，使茎、叶萎蔫，色泽暗绿，青草气散失。萎凋分 3 种形式：一是自然萎凋，将鲜叶均匀摊

放于竹帘或竹筛上，置于空气流通、阴凉干燥处进行萎凋；二是日光萎凋，将鲜叶均匀摊放在日光下萎凋。三是萎凋槽萎凋，将鲜叶均匀摊放在萎凋槽上进行萎凋。

⑤发酵。发酵是红茶形成品质的关键过程。是在一定的温度、湿度和含氧量条件下，茶叶内含物质发生以多酚类化合物酶促氧化为主体的一系列化学反应的过程。

⑥炒青。通过高温快速破坏酶的活性，停止其酶促氧化作用，使做青过程形成的品质固定下来。

⑦闷黄。闷黄是黄茶类制造工艺的特点，是形成黄色黄汤的关键工序。从杀青到黄茶干燥结束，都可以为茶叶的黄变创造适当的湿热工艺条件。但作为一个制茶工序，有的茶在杀青后闷黄，有的则在毛火后闷黄，有的闷炒交替进行。针对不同茶叶品质，方法不一，但殊途同归，都是为了形成良好的黄色黄汤品质特征。

⑧渥堆。渥堆是在一定的温、湿度条件下，通过茶叶制品堆积促使其内含物质缓慢变化的过程，形成黑茶色香味的关键性工序。渥堆应有适宜的条件，渥堆要在背窗、洁净的地面，避免阳光直射，室温在25℃以上，相对湿度保持在85%左右。渥堆过程中要进行一次翻堆，以利于渥堆均匀。

⑨窨花拼合。窨花拼合为制造花茶的主要作业，茶坯和鲜花均匀拌和堆放组成的工序。在堆放过程中，香花吐出的香气，被周围的茶坯所吸收，茶坯便成为具有浓烈花香的花茶。窨花拼合（茶叶拼配）工艺的示例，见图2-17。

图2-17 茶叶拼配示例

⑩蒸压成型。利用蒸汽的湿热，使茶受热，叶质变软；同时，内含物

也发生变化，增进色香味。蒸压温度与时间、压力对茶品的香气口感有绝对性的影响。

(2) 加工工艺信息记录内容　各加工工艺段需采集的关键控制点信息内容见表2-37。

表2-37　茶叶加工工艺关键控制点信息采集内容

产品类别	基本加工工艺	需采集的关键控制点信息内容
绿茶	鲜叶→杀青→揉捻→干燥	杀青的温度和时间、干燥的温度和时间
红茶	鲜叶→萎凋→揉捻→发酵→干燥	杀青的温度和时间、发酵的温度和时间、干燥的温度和时间
乌龙茶	鲜叶→萎凋→做青→炒青→揉捻→干燥	萎凋的温度和时间、炒青的温度和时间、干燥的温度和时间
白茶	鲜叶→萎凋→轻揉→干燥	萎凋的温度和时间、干燥的温度和时间
黄茶	鲜叶→杀青→揉捻→闷黄→干燥	杀青的温度和时间、闷黄的温度和时间
黑茶	鲜叶→杀青→揉捻→渥堆→干燥	杀青的温度和时间、渥堆的温度和时间
花茶	茶坯→干燥→冷却→窨花拼合→起花→烘焙→冷却→提花→匀堆	干燥的温度和时间、窨花拼合的温度和时间、烘焙的温度和时间
紧压茶	原料茶→渥堆发酵→蒸压成型→干燥	渥堆发酵的温度和时间、干燥的温度和时间
普洱茶	鲜叶→萎凋→杀青→揉捻→干燥（生）→渥堆→发酵（熟）	杀青的温度和时间、干燥的温度和时间、发酵的温度和时间
速溶茶	原料处理→提取→净化→浓缩→干燥→包装	提取的温度和时间、干燥的温度和时间

生产过程控制记录需记录的信息内容见表2-38。

表2-38　生产过程控制记录

原料批号	加工日期	产品类型	工艺段	工艺要求	加工批次	操作人	产量
			鲜叶摊放				
			杀青				
			干燥				
			……				

2. 加工过程中需记录的投入品信息

茶叶生产加工过程中投入品来源主要为加工用水及食品添加剂。

(1) 加工用水　在茶叶加工过程中，加工用水主要用于清洁加工设备和场地。为保证茶叶生产工艺过程中用水的清洁卫生，其加工用水应当符合GB 5749—2006《生活饮用水卫生标准的要求》，应当记录加工用水的

检测结果。

（2）食品添加剂 GB 2760—2014《食品安全国家标准 食品添加剂使用标准》中规定食品添加剂为改善食品品质和色、香、味，以及为防腐、保鲜和加工工艺的需要而加入食品中的人工合成或者天然物质。该标准中规定按生产需要适量使用的食品添加剂所例外的食品类别名单中包含茶叶，说明茶叶生产过程中不允许添加任何食品添加剂。茶制品（包括调味茶和代用茶）可以使用抗氧化剂茶黄素。

（3）获得不同产品认证的茶叶加工企业有不同的消毒剂使用规定 有机食品不使用化学合成消毒剂，但可使用符合 GB/T 19630—2019《有机产品 生产、加工、标识与管理体系要求》规定的食品级的过氧化氢、二氧化氯等消毒剂，见表 2-39。

表 2-39 有机食品加工中允许使用的清洁剂和消毒剂

名称	使用条件
醋酸（非合成的）	设备清洁
醋	设备清洁
盐酸	设备清洁
硝酸	设备清洁
磷酸	设备清洁
乙醇	消毒
异丙醇	消毒
过氧化氢	仅限食品级的过氧化氢，设备清洁剂
碳酸钠、碳酸氢钠	设备消毒
碳酸钾、碳酸氢钾	设备消毒
漂白剂	包括次氯酸钙、二氧化氯或次氯酸钠，可用于消毒和清洁食品接触面
过氧乙酸	设备消毒
臭氧	设备消毒
氢氧化钾	设备消毒
氢氧化钠	设备消毒
柠檬酸	设备清洁
肥皂	仅限可生物降解的，允许用于设备清洁
高锰酸钾	设备消毒

3. 批次信息内容

农业生产经营主体可以根据生产实际情况设定加工包装批次编制规则。例如，有多条生产线或加工线及多个生产班次或加工班组，编制规则可按年（2位）+月（2位）+日（2位）+生产线或加工线（1位）+生产班次或加工班组（1位）+生产加工时间（1位）。其中，生产线或加工线、生产班次或加工班组、生产加工时间可以是英文字母也可以用数字表示；集团企业如有多个分公司，编制时可后缀分公司简称。加工包装批次编码示例见图2-18。

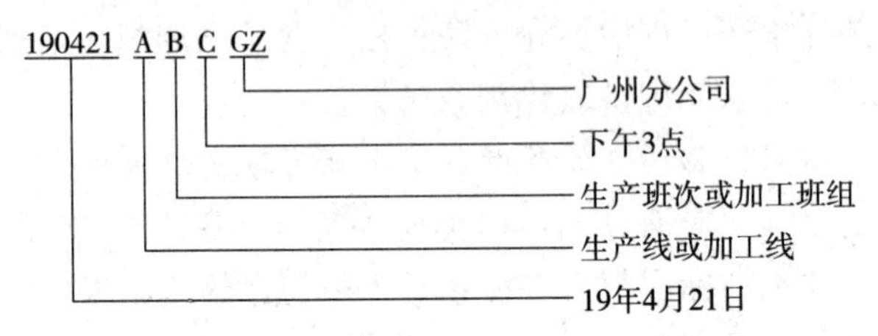

图2-18　加工包装批次编码示例

生产日期可以和批次信息内容结合起来记录。加工包装批次记录见表2-40。

表2-40　加工包装批次记录

原料来源	加工日期	加工线名称	产品品种	加工班组	产品名称	包装规格	包装数量	产品追溯码/生产批次号	负责人

4. 设施

（1）加工车间设施要求

①初制厂一般由储青车间、主加工车间、包装车间等组成。各车间面积应与加工产品种类、数量相适应。储青车间面积按大宗茶鲜叶堆放厚度不宜超过30cm，或按每100kg鲜叶需$6m^2$～$8m^2$标准确定，设备储青时按设备作业效率确定；其他车间面积应不少于设备占地总面积的8倍。

②精制厂一般由原料车间、主加工车间、包装车间等组成。各车间面积应与加工产品种类、数量相适应，不少于设备占地总面积的10倍。手工包装时，包装车间面积10人以内，按每人$4m^2$确定；10人以上，人均面积可酌减。

③车间地面应坚固、平整、光洁，有良好的排水系统，便于清洁和清洗。车间墙壁无污垢，应涂刷浅色无毒涂料，宜用白色瓷砖砌成1.5m高的墙裙。

④应保持车间采光和照明良好。照明光源以不改变茶叶制品的色泽为宜。照明灯管应加防护设施。

⑤车间通风、通气良好。灰尘较大的车间或作业区域，应安装换气风

扇或除尘设备；杀青、干燥车间，应安装足够的排湿、排气设备。

⑥车间应有防鼠、防蝇、防虫措施，以及防家禽、家畜和宠物出入的相应设施，如安装纱门、纱窗、排水口网罩、通风口网罩、下水道隔离网等设施。

⑦车间层高不低于 4m。初制车间要多开门窗，精制车间则少开门多开窗。

⑧车间内不得存放农药、肥料、喷雾器、防护服等易污染茶叶的物品，不应存放其他非加工茶叶用的物品。

⑨锅炉间应单独设置蒸汽管道，单独存放燃料的场所应有防止燃料污染和保障安全的措施。

茶叶生产车间示例见图 2-19。

图 2-19 茶叶生产车间示例

（2）**加工设备** 设备购置和安装应符合加工工艺要求，布局合理，上下工序衔接紧凑。

茶叶加工设备示例见图 2-20。

图 2-20 茶叶加工设备示例

加工设施设备维修保养记录见表2-41。

表2-41　加工设施设备维修保养记录

设备名称	生产厂商	使用部门	维护保养情况				
			维护保养日期	设备状态	是否需进行维护	维护保养内容	维护保养人

①应用无毒、无异味、不污染茶叶的材料制成。可使用竹子、藤条、木材等天然材料制成的用具。不应使用可能给茶叶带来污染的金属材料和涂料制造接触茶叶的加工零部件，宜使用竹、藤、无异味儿的木材等天然材料和食品级不锈钢、塑料等制品制成的制茶器具和工具。

②每次使用前，必须清洁干净。新设备和用具必须清除表面的防锈油等不洁物，旧设备和用具应进行除锈、除尘、除异物；应定期润滑，加油应适量，不得外溢。茶季结束后应对加工设备进行彻底的清洁和保养。

③加工设备和用具应妥善维护，禁止与有毒、有害、有异味、易污染物品接触。

④加工设备的各种炉火门不得直接开向车间。有压锅炉应独立安装在锅炉间。燃油设备的油箱、燃气设备的钢瓶和锅炉等易燃易爆设备与加工车间至少留有3m的安全距离。设备所用燃料及其残渣应设有专门存放处。

5. 质量

茶叶的质量需符合相应的国家标准、行业标准或地方标准。此外，茶叶的质量也包含外形品质和内质等。外形品质包括形态、嫩度、色泽等；内质包括汤色、香气、滋味和叶底。根据茶叶品种和制茶种类的工艺，确定影响茶叶质量的关键控制点，如茶叶中的重金属含量相关关键控制点在灌溉水水质和土壤，农药残留相关关键控制点在投入品。

6. 人员

所有工作人员上岗前要进行相关技术、技能和卫生知识的培训，应掌握必要的制茶技能、检验技术和卫生知识。锅炉操作人员须经过职业技能培训，持证上岗。

（1）应定期进行健康检查，取得有卫生部门规定的有效的健康合格证书。

（2）进出入工作场所应洗手、更衣、戴帽、换鞋；离开工作现场时，应换下工作衣、帽和鞋，置于更衣室内。

（3）包装车间工作人员需戴口罩上岗。

（4）不得将与茶叶加工无关的个人用品和饰物带入车间。

（5）按GB 14881—2013《食品安全国家标准　食品生产通用卫生规

范》的规定，保持良好的个人卫生。禁止在工作场所化妆、吃食物、吸烟和随地吐痰。

（6）定期对人员培训、考核，做好相应的记录，并建立人员培训、考核登记表（表 2-42）。

表 2-42 人员培训、考核登记表

<table>
<tr><td>培训人员</td><td></td><td>培训时间</td><td></td></tr>
<tr><td>培训地点</td><td></td><td>培训内容</td><td></td></tr>
<tr><td colspan="4">学习小结：</td></tr>
<tr><td>考核人员</td><td></td><td>所在部门</td><td></td></tr>
<tr><td>考核内容</td><td></td><td>考核结果</td><td></td></tr>
<tr><td>评审内容及意见</td><td colspan="3">考核组长签字：　　年　月　日</td></tr>
<tr><td>单位意见</td><td colspan="3">领导签字：　　年　月　日</td></tr>
</table>

五、包装信息

【标准原文】

6.5 包装信息

类型、批次、日期、设施、材料、规格、数量、人员等信息。

【内容解读】

1. 包装类型

商品茶包装一般分大包装和小包装两种类型。大包装即运输包装，也可以是外包装，主要是为了便于运输、仓储和装卸。小包装即销售包装，也可称内包装，起到既能保护茶叶品种，又有一定的观赏价值，以便于宣传、陈列和展销。

茶叶包装需符合 GB/T 31268—2014《限制商品过度包装 通则》的相关规定，包装应遵循保护功能得当、使用材料适宜、体积容量适量、费用成本合理的原则。在满足正常包装功能需求的前提下，包装设计应与内装物的质量和规格相适应，有效利用资源、减少包装材料的用量。因此，在包装的设计和制作过程中，根据相关要求控制包装层数、包装空隙率、包装成本，做到茶叶包装既实用、美观，又不浪费资源。此外，还应符合《中华人民共和食品卫生法》关于食品包装的规定：

第八条　储存、运输和装卸食品的容器包装、工具、设备和条件必须安全、无害，保持清洁，防止食品污染；直接入口的食品应当有小包装或者使用无毒、清洁的包装材料。

第二十一条　定型包装食品和食品添加剂，必须在包装标识或者产品说明书上根据不同产品分别按照规定标出品名、产地、厂名、生产日期、批号或者代号、规格、配方或者主要成分、保质期限、食用或者使用方法等。食品、食品添加剂的产品说明书，不得有夸大或者虚假的宣传内容。

食品包装标识必须清楚，容易辨识。在国内市场销售的食品，必须有中文标识。

2. 包装批次

包装批次的信息是重要的连接信息。按照生产经营主体设置的追溯精度要求，同原料、同工艺、同设备、同班次加工的产品即为一个加工包装批次。

3. 包装日期

食品成为最终产品的日期，也包括包装日期，即将食品装入包装物或容器中，形成最终销售单元的日期。

日期标示应满足如下要求：

（1）应清晰标示预包装食品的生产日期和保质期　如日期标示采用“见包装物某部位”的形式，标示所在包装物的具体部位。日期标示不得另外加贴、补印或篡改。

（2）当同一预包装内含有多个标示了生产日期及保质期的单件预包装食品时，外包装上标示的保质期应按最早到期的单件食品的保质期计算　外包装上标示的生产日期应为最早生产的单件食品的生产日期，或外包装形成销售单元的日期；也可在外包装上分别标示各单件装食品的生产日期和保质期。

（3）应按年、月、日的顺序标示日期　如果不按此顺序标示，应注明日期标示顺序。

4. 包装设施

包装设施一般包括包装机、封口机、日期打印（喷码）机等。

5. 包装材料

茶叶包装应选择安全、卫生、环保、无味的包装材料。内包装材料必

须具有牢固、无毒、防潮、遮光等作用。外包装材料具有保护茶叶固有形态、抗压的功能，以便于装卸运输。直接接触茶叶的包装材料必须是食品级的，不得使用聚氯乙烯、混有氯氟碳化合物的膨化聚苯乙烯等有毒物质做包装材料，不使用油墨印刷的纸张，不使用盛装过其他物品的食品袋包装茶叶，重复使用的布袋使用前应清洗干净，不得使用含有荧光染料的材料。内包装上的印刷油墨或标签标识使用的黏着剂、印油等必须无毒。

6. 包装规格

包装规格是指同一预包装内含有多件预包装食品时，对净含量和内含件数关系的表述。包装产品规格尺寸的设计应给封口或采用真空包装留有足够余量，规格尺寸应参照有关尺寸标准规定，并与运输包装尺寸相匹配。

7. 数量

需要记录产品包装的数量及对应的批次等信息。包装数量可用于计算所需追溯标签的数量，通过包装规格和数量掌握产量及出入库的数量，以便于统计分析。

8. 人员

需要记录包装岗位人员的姓名、班次和对应的批次等信息。包装岗位操作人员应熟悉岗位职责，发现问题及时上报，避免因包装引起的产品质量安全风险。

【实际操作】

茶叶包装物上的文字内容和符号应符合我国法律法规的要求，包装材料应符合相关卫生要求，包装材料使用的黏合剂应无毒、无异味、对茶叶无污染。预包装茶包装应符合 GB 7718—2011《食品安全国家标准 预包装食品标签 通则》的要求。茶叶包装的作用包括：

①保护茶叶，即在一定保质期内能完整保持茶叶的形、色、气、味，保护茶叶不受损坏、不受潮、不串味、不发生变质。

②便于运输，便于仓库保管，便于计数和检查，便于运输和装卸。

③重要信息的传递。根据 GB 7718—2011《食品安全国家标准 预包装食品标签 通则》的要求，需要注明的信息包括茶叶名称、质量等级、产品执行标准、净含量、厂名厂址、生产日期、保质期、注册商标、条形码等。

④防潮作用。茶叶中的水分是茶发生生化变化的介质，低水分含量有利于茶叶品质的保存。因此，在包装时可选用防潮性能好的，如铝箔等为包装材料达到防潮目的。

⑤防氧化功能。与氧气接触会导致茶叶中的抗坏血酸、茶单宁等成分氧化变质，使茶叶味道发生变化。常采用真空包装或充氮包装的方法降低茶叶与氧气接触的机会。

⑥避光功能。光能促使茶叶中色素、酶类等物质氧化，一般采用不透光材料进行包装。

⑦融入企业文化，提升商品属性。在茶叶包装的造型设计、图案上可融入茶文化内涵，同时提高商品的附加值、提高茶叶的档次、促进茶叶的销售。

根据 GH/T 1070—2011《茶叶包装通则》、BB/T 0078—2018《茶叶包装通用技术要求》和 NY/T 1999—2011《茶叶包装、运输和储藏通则》对茶叶包装材料有明确要求。

1. 包装类型

（1）包装类型分为运输包装和销售包装两种

①运输包装。运输包装一般采用大包装的形式，分为外包装和内包装。外包装一般有箱装、袋装、篓装 3 种，用于盛装各种散装茶、紧压茶和小包装。

（a）箱装。箱子又分木板箱、胶合板箱和纸板箱 3 种。胶合板箱因结构和钉制方法不同，又分为包角铁皮箱、搭攀箱、铅丝钉箱和八档箱 4 种。纸板箱又分瓦楞纸板箱和牛皮纸板箱 2 种。由于内衬防潮材料不同，又可分内衬铝纸（或铝纸罐）和塑料袋抽气充氮 2 种。

（b）袋装。装放茶叶的袋子有布袋、涂塑麻袋、塑料编织袋和纸袋等多种，用于盛放一般毛茶、副茶和散装六堡茶、普洱茶、红碎茶等。塑料编织袋的卫生要求应符合 GB/T 8946—2013《塑料编织袋通用技术要求》的规定。

（c）篓装。竹篾编篓，内衬箬叶。用于装放普洱茶等传统压制茶。篾篓应结实、牢固，竹篾不得断碎。

内包装多采用的铝箔、牛皮纸、聚乙烯和聚丙烯袋等，铝箔和牛皮纸卫生指标应符合 GB 4806.8—2016《食品安全国家标准　食品接触用纸和纸板材料及制品》，聚乙烯和聚丙烯袋卫生应符合 GB 4806.7—2016《食品安全国家标准　食品接触用塑料材料及制品》。

②销售包装。

销售包装各种包装容器应外观平整、封口良好、不得有异味。纸袋、纸罐等卫生指标应符合 GB 4806.8—2016《食品安全国家标准　食品接触用纸和纸板材料及制品》的规定；塑料袋、塑料罐和内衬塑料薄膜卫生指标应符合 GB 4806.7—2016《食品安全国家标准　食品接触用

塑料材料及制品》的规定；铝、铁罐的卫生指标应符合 GB 4806.9—2016《食品安全国家标准 食品接触用金属材料及制品》的规定；玻璃罐的卫生指标应符合 GB 4806.5—2016《食品安全国家标准 玻璃制品》；陶瓷罐的卫生指标应符合 GB 4806.4—2016《食品安全国家标准 陶瓷制品》的规定。

销售包装主要有听装、盒装、袋装、瓶装和袋泡茶等。

（a）听装。即马口铁制成的各种罐头，有圆听、方听、扁听、长方听、腰圆听多种形式，大小也各不相同，有 50～500g 等规格。

（b）盒装。有纸盒、竹盒、木盒、塑料盒等多种，大小规格有 50～1 000g。

（c）袋装。茶叶袋有纸袋、塑料袋、铝箔复合袋等，大小规格有50～1 000g。

（d）瓶装。茶叶瓶有塑料瓶和玻璃瓶 2 种，用于盛放速溶茶等。大小规格根据具体贸易需要而定。

（e）袋泡茶。每袋装茶重 1.5～10g 不等。茶叶一般多为细小碎茶装于茶叶滤纸袋中，用棉线系有小样签再套入有商标、品名的小纸袋。

2. 包装批次

农业生产经营主体（组织或机构）可以根据生产实际情况进行设定加工包装批次编制规则，如有多条生产线或加工线及多个生产班次或加工班组。编制规则可按年（4 位）＋月（2 位）＋日（2 位）＋生产线或加工线（1 位）＋生产班次或加工班组（1 位）＋生产加工时间（1 位）。其中，生产线或加工线、生产班次或加工班组、生产加工时间可以是英文字母也可以用数字表示。集团企业如有多个分公司，编制时可后缀分公司简称。包装批次可与加工批次一同编码。

加工包装批次记录，见表 2-43。

表 2-43 加工包装批次记录

来源	加工日期	加工线编号	品种	加工班组	产品名称	包装规格	包装数量	产品追溯码/生产批次号	责任人

3. 加工包装日期

加工包装日期中年、月、日可用空格、斜线、连字符、句点等符号分隔，或不用分隔符。年代号一般应标示 4 位数字，小包装食品也可以标示 2 位数字。月、日应标示 2 位数字。

日期的标示可以有如下形式：

2019年3月19日；

2019 03 19；

2019/03/19；

20190319；

19日3月2019年；

或采用月/日/年有如下形式：

3月19日2019年；

03 19 2019；

03/19/2019；

03192019。

4. 加工包装设施

产品的包装过程应保证产品的品质和卫生安全，避免杂质、致病微生物及金属物等污染产品。

加工包装设施设备维修保养记录应包括下述内容：

（1）生产加工设施设备的名称、生产厂商、维护保养人名称；

（2）生产加工设施设备的状态、使用寿命、维修历史。

加工包装设施设备维修保养记录，见表2-44。

表2-44 加工包装设施设备维修保养记录

设备名称	生产厂商	使用部门	维护保养情况				
			维护保养日期	设备状态	是否需进行维护	维护保养内容	维护保养人

5. 包装材料要求

（1）包装材料的基本要求

①包装材料应清洁、卫生，不应与粮食发生化学作用而产生变化，符合国家有关食品卫生标准和管理办法的规定。

②包装容器应便于消费者开启、使用、搬运、储存；应能保护产品安全、卫生，符合相应包装容器的卫生标准。

③包装容器的生产应取得食品包装卫生许可证。对于已纳入容器生产许可管理范围的，应通过相应机构认证并取得生产许可证。

（2）包装材料的类型　茶叶包装材料类型分为袋、盒、罐3种，对每种包装材料具体要求如下：

①袋。

（a）纸袋采用大于28g/m^{2}的食品包装纸或大于50g/m^{2}的牛皮纸制

作，用无毒、无味黏合剂黏合。

（b）塑料袋宜采用厚度为0.04～0.06mm的聚乙烯吹塑薄膜制作。

（c）复合袋用聚丙烯/聚乙烯、聚酯/聚乙烯、尼龙/聚乙烯的薄膜复合制作，或中间复合铝箔。符合包装铝箔袋材料需符合GB 9683—1988《复合食品包装袋卫生标准》的要求。复合材料的厚度宜为0.06～0.12mm。

（d）滤袋采用非热封型和热封型茶叶滤纸制作。非热封型滤纸的主要技术参数应符合GB/T 28121—2011《非热封型茶叶滤纸》的规定，热风型滤纸的主要技术参数应符合GB/T 25436—2010《热封型茶叶滤纸》的规定。

（e）编制类。用于外包装的本色棉布、麻袋和塑料编织袋等包装材料，应符合GB/T 406—2018《棉本色布》、GB/T 731—2008《黄麻布和麻袋》、GB/T 8946—2013《塑料编织袋通用技术要求》的规定。

②盒。

（a）纸盒采用120g/m^{2}的白纸板制作。包装用纸需符合GB 4806.8—2016《食品安全国家标准 食品接触用纸和纸板材料及制品》的规定。

（b）木盒采用无气味的木板制作，厚度为2.0～4.0mm。

（c）竹盒采用无气味的竹片制作，厚度为1.0～3.0mm。

③罐。

（a）纸罐宜采用厚度为0.6～1.5mm的牛皮纸板卷制而成。

（b）塑料罐宜采用聚乙烯和聚丙烯树脂注塑制作。罐壁厚度宜为0.4～1.0mm。

（c）铝罐宜采用金属铝带卷制（或冲压）制作。罐壁厚度宜为0.4～1.0mm。

（d）铁罐宜采用镀锌或锌锡的马口铁皮卷制。罐壁厚度宜为0.3～0.8mm。

（e）锡罐宜采用金属锡融铸而成，罐壁厚度宜为0.5～1.2mm。

（f）陶罐、瓷罐、玻璃罐宜采用高温烧制。罐壁厚度宜为1～2mm。

（3）包装材料的控制

①建立与产品直接接触内包装材料合格供方名录，制定验收标准。

②包装材料接收时应由供方提供符合相关法律法规、标准要求的检验报告。

③当供方或材质发生变化时，应重新评价，并由供方提供检验报告。

（4）包装材料采购与验收 采购与验收的记录应包括下述内容：

①包装材料的名称、规格、数量、采购日期、供货单位、合格证、合同名称、采购者名称；

②包装材料的供货清单、供货日期、供货者名称及其联系方式；

③包装材料的验收所依据标准或者规范的名称（或编号）、验收情况、验收不合格包装材料的处理、验收者名称；

④包装材料的储存地点、储存条件、保质期。如产品采用复合膜、袋进行包装，则依据GB/T 21302—2007《包装用复合膜、袋通则》中规定产品保质期自生产之日起一年。

包装材料采购记录见表2-45，包装材料验收记录见表2-46。

表2-45　包装材料采购记录

采购日期	包装材料名称	产品批号	规格	数量	检测报告	供货商	联系方式	采购人

表2-46　包装材料验收记录

包装材料名称		规格	
产品批号		供应商	
验证项目			
序号	验证项目	验证情况	判定
1	尺寸	□有□无	□符合□不符合
2	破损	□有□无	□符合□不符合
3	图案、文字是否清晰、正确	□有□无	□符合□不符合
验收结果：□合格□不合格			
检验员：		检验时间：	

6. 预包装茶叶产品包装规格和标识内容

GB 7718—2011《食品安全国家标准　预包装食品标签通则》中关于包装规格规定如下：

（1）净含量和规格

①净含量的标示应由净含量、数字和法定计量单位组成。

②标示包装物（容器）中食品的净含量，应采用法定计量单位。例如，固态食品，用质量克（g）、千克（kg）。

③同一预包装内含有多个单件预包装食品时，大包装在标示净含量的同时还应标示规格。

④规格的标示应由单件预包装食品净含量和件数组成，或只标示件

数，可不标示“规格”二字。单件预包装食品的规格即指净含量。

（2）净含量和规格的标示　为方便表述，净含量的示例统一使用质量为计量方式，使用冒号为分隔符。标签上应使用实际产品适用的计量单位，并可根据实际情况选择空格或其他符号作为分隔符，便于识读。

①单件预包装食品的净含量（规格）可以有如下标示形式：

净含量（或净含量/规格）：450g；

净含量（或净含量/规格）：225 克（200 克＋送 25 克）；

净含量（或净含量/规格）：200 克＋赠 25 克；

净含量（或净含量/规格）：（200＋25）克。

②同一预包装内含有多件同种类的预包装食品时，净含量和规格均可以有如下标示形式：

净含量（或净含量/规格）：40 克×5；

净含量（或净含量/规格）：5×40 克；

净含量（或净含量/规格）：200 克（5×40 克）；

净含量（或净含量/规格）：200 克（40 克×5）；

净含量（或净含量/规格）：200 克（5 件）；

净含量：200 克　规格：5×40 克；

净含量：200 克　规格：40 克×5；

净含量：200 克　规格：5 件；

净含量（或净含量/规格）：200 克（100 克＋50 克×2）；

净含量（或净含量/规格）：200 克（80 克×2＋40 克）；

净含量：200 克　规格：100 克＋50 克×2；

净含量：200 克　规格：80 克×2＋40 克。

③同一预包装内含有多件不同种类的预包装食品时，净含量和规格可以有如下标示形式：

净含量（或净含量/规格）：200 克（A 产品 40 克×3，B 产品 40 克×2）；

净含量（或净含量/规格）：200 克（40 克×3，40 克×2）；

净含量（或净含量/规格）：100 克 A 产品，50 克×2 B 产品，50 克 C 产品；

净含量（或净含量/规格）：A 产品：100 克，B 产品：50 克×2，C 产品：50 克；

净含量/规格：100 克（A 产品），50 克×2（B 产品），50 克（C 产品）；

净含量/规格：A 产品 100 克，B 产品 50 克×2，C 产品 50 克。

（3）保质期的标示　保质期可以有如下标示形式：

最好在……之前食（饮）用；……之前食（饮）用最佳；……之前最佳；

此日期前最佳……；此日期前食（饮）用最佳……；

保质期（至）……；保质期××个月（或××日，或××天，或××周，或×年）。

（4）储存条件的标示　储存条件可以标示“储存条件”“储藏条件”“储藏方法”等标题，或不标示标题。

储存条件可以有如下标示形式：

常温（或冷藏，或避光，或阴凉干燥处）保存；

××℃～××℃保存；

请置于阴凉干燥处；

常温保存，开封后需冷藏；

温度：≤××℃，湿度：≤××%。

（5）生产者、经销者的名称、地址和联系方式

①应当标注生产者的名称、地址和联系方式。生产者名称和地址应当是依法登记注册、能够承担产品安全质量责任的生产者的名称、地址。有下列情形之一的，应按下列要求予以标示：

（a）依法独立承担法律责任的集团公司、集团公司的子公司，应标示各自的名称和地址。

（b）不能依法独立承担法律责任的集团公司的分公司或集团公司的生产基地，应标示集团公司和分公司（生产基地）的名称、地址；或仅标示集团公司的名称、地址及产地，产地应当按照行政区划标注到地市级地域。

（c）受其他单位委托加工预包装食品的，应标示委托单位和受委托单位的名称和地址；或仅标示委托单位的名称和地址及产地，产地应当按照行政区划标注到地市级地域。

②依法承担法律责任的生产者或经销者的联系方式应标示以下至少一项内容：电话、传真、网络联系方式等，或与地址一并标示的邮政地址。

六、产品储藏信息

【标准原文】

6.6　产品储藏信息

库号、日期、设施、环境条件、保管员等信息。

【内容解读】

产品应放置在库房里，如有多个库房时，应对每个库房进行编号加以区分；产品储藏日期包括产品入库和出库日期；储藏设施包括温湿度控制设施、防火设施、防潮、防虫、防鼠、防尘设施；成品仓库应有专人管理，定期检查产品质量和储藏设施的卫生情况，定期清洁，保持产品完好，并做好记录。

【实际操作】

根据 GB/T 30375—2013《茶叶储存》和 NY/T 1999—2011《茶叶包装、运输和储藏通则》的相关要求，做好库房的管理和出入库记录。

1. 储藏环境

（1）库房周围及内部应整洁、卫生，无异味，远离污染源。

（2）地面应有硬质处理，便于运输车辆进出。

（3）有防潮、防火、防鼠、防虫、防尘设施。

（4）库房内不得存放其他物品。

（5）仓库卫生应符合 GB 14881—2013《食品安全国家标准 食品生产通用卫生规范》要求。

2. 储藏设施

储藏库房需配备必要的温湿度控制设备（图 2-21），确保储藏期间茶叶品质不发生变化。

图 2-21 储藏库房

（1）储存茶叶应有专用仓库，仓库内设施应清洁、干燥、无异味。

（2）使用的材料应无毒无害。

（3）有良好的避光、防潮、封闭功能，具有防火、防虫、防鼠、防尘等设施。

（4）储藏设施应牢固。

（5）宜采用物理方法进行消毒，当物理方法不能满足时，可使用消毒剂。

3. 储藏管理

储藏场所、设施及周边要定期打扫，必要时进行消毒。储藏设备及使用工具在使用前均应进行清理（洗），防止污染。

（1）入库

①入库的茶叶应有相应的记录和标识，记录的内容包括种类、等级、数量、产品批次、时间等。

②入库的茶叶要按不同种类、不同等级和不同批次分类进行存放，并应标识清楚，分别堆码，堆放整齐。

③入库的包装件应牢固、完整、防潮，无破损、无污染、无异味。

（2）堆码

①堆码应以安全、平稳、方便、节约面积和防火为原则。可根据不同的包装材料和包装形式选择不同的堆码形式。

②货垛应分等级、分批次进行堆放，不得靠柱，距墙不少于200mm。

③堆码应有响应的垫垛，垫垛高度应不低于150mm。

（3）库检

定期检查产品质量，对储藏超期产品，及时进行移库或报废处理。

①检查项目包括仓库内的温湿度、包装件是否有霉味、污染及其他感官质量问题，茶垛里层有无发热现象。

②检查周期为每月至少1次，高温、多雨季节应不少于2次，并做好记录。

4. 温湿度控制

库房内应有通风散热和除湿措施，应有温湿度计显示库内温湿度。库内温湿度应根据茶类的特点进行控制。

（1）绿茶储存宜控制温度10℃以下、相对湿度50%以下。

（2）红茶储存宜控制温度25℃以下、相对湿度50%以下。

（3）乌龙茶储存宜控制温度25℃以下、相对湿度50%以下。对于文火烘干的乌龙茶，储存宜控制温度10℃以下。

（4）黄茶储存宜控制温度10℃以下、相对湿度50%以下。

（5）白茶储存宜控制温度25℃以下、相对湿度50%以下。

（6）花茶储存宜控制温度25℃以下、相对湿度50%以下。

（7）黑茶储存宜控制温度25℃以下、相对湿度70%以下。

（8）紧压茶储存宜控制温度25℃以下、相对湿度70%以下。

5. 储藏信息记录内容

应记录并保存产品入库的日期、库号、追溯码、名称、规格、数量、储藏条件、保管员。产品储藏记录见表2-47。

表2-47 产品储藏记录

追溯码	日期	类型（入或出）	产品追溯码/生产批次	产品名称	规格	数量	客户名称（出库时填写）	运输车船号（出库时填写）	运输责任人（出库时填写）	保管员

七、产品运输信息

【标准原文】

6.7 产品运输信息

产品、运输工具、环境条件、日期、到达位置、数量等信息。

【内容解读】

运输工具包括车、船，应进行编码；运输车辆应保证车厢洁净、无异味，记录车辆卫生状况；运输日期和位置均应记录起止的日期和位置；运输数量可以kg、t或件记录。同时，为了运输产品可追溯，记录上应有产品追溯码。

【实际操作】

1. 运输工具

（1）装运茶叶的车厢、船舱等应保持干燥、清洁、无异味、无污染。

（2）运输工具在装运前应清理干净，必要时进行清洗、消毒。

（3）运输工具的铺垫物、遮盖物等应清洁、无毒、无害。

2. 运输管理

（1）不得与其他有气味的物品一起混运。

（2）装运前应检查运输数量，填写运输单据，运输单据字迹清晰，内容正确、齐全。

（3）储运图示标志必须符合GB/T 191—2008《包装储运图示标志》的规定。收发货物标志应符合GB/T 6388—1986《运输包装收发货标志》

的规定。

(4)运输过程中防止雨淋，装卸过程应轻装轻卸，防止强烈挤压和剧烈震动，不得损坏包装件。

(5)运输过程应有完整的记录，并保留相应的单据。

3. 运输信息记录内容

产品运输信息见表2-48。

表2-48 产品运输信息

追溯码	运输工具	运输号	车辆卫生状况	运输日期	起止位置	运输数量	责任人

八、销售信息

【标准原文】

6.8 销售信息

商品名、经销商、进货时间、上架时间等信息。

【内容解读】

1. 商品名、经销商

市场流向的信息首先为具体的省市，其后应是具体的经销商。经销商不一定直接零售，它可流转到零售商，零售商则直接销售给消费者。同时为了运输产品可追溯，记录上应有产品商品名、产品追溯码。以上销售信息结合追溯码上反映的信息，可以确保茶叶产品追溯信息从生产到消费的可追溯性。

2. 进货时间、上架时间

进货时间和上架时间是零售商应记录的信息，可确保产品不超过其保质期。

【实际操作】

产品销售信息见表2-49。

表2-49 产品销售信息

产品追溯码	经销商	零售商(如有)	进货时间	上架时间	责任人

九、产品检验信息

【标准原文】

6.9 产品检验信息

产品来源、检测日期、检测机构、检验结果等信息。

【内容解读】

茶叶检验结果主要记录的信息包括相应产品标准中规定的出厂检验项目，茶叶生产企业的实验室负责产品的出厂检验，也可委托厂外有资质的实验室进行出厂检验。检验方法是依据产品标准中规定的方法标准，出厂检验的项目是依据产品标准以及农业农村部有关公告，对于质量安全追溯来说，应检验与质量安全有关的项目。

《中华人民共和国食品安全法》第五十一条 食品生产企业应当建立食品出厂检验记录制度，查验出厂食品的检验合格证和安全状况，如实记录食品的名称、规格、数量、生产日期或者生产批号、保质期、检验合格证号、销售日期以及购货者名称、地址、联系方式等内容，并保存相关凭证。记录和凭证保存期限应当符合本法第五十条第二款的规定。

第五十二条 食品、食品添加剂、食品相关产品的生产者，应当按照食品安全标准对所生产的食品、食品添加剂、食品相关产品进行检验，检验合格后方可出厂或者销售。

第八十九条 食品生产企业可以自行对所生产的食品进行检验，也可以委托符合本法规定的食品检验机构进行检验。

根据以上《食品安全法》的规定，为了便于产品质量安全追溯，产品的检验信息表应列入追溯码，其他信息包括：

（1）产品的来源信息 即该批产品及其原料的详细来源，如原料在哪里购买或哪里生产的，产品在哪里生产的，哪个批次等。

（2）产品的检测日期 即产品的出厂检测日期和型式检验日期。

（3）检测机构 即生产经营主体的实验室信息，包括人员管理档案、人员培训和上岗记录、仪器检定维护记录等。

（4）产品标准 即产品应符合的标准，普通食品、有机食品和绿色食品分别为依据的国家产品标准、有机产品标准和绿色食品产品标准。

（5）产品批次 即产品生产批次。

（6）检验结果 如原始记录，检验报告等。

【实际操作】

1. 产品来源

产品的来源信息体现在检验登记台账和抽样单上，检验登记台账见表2-50。

表 2-50　检验登记台账

样品编号	产品名称	抽样基数	样品数量	生产日期/批次	抽样时间	抽样地点	记录人

确定来源后进行抽样，填写产品抽样单（表 2-51）。其中，检验类别包括出厂检验、型式检验（包括自检或交送质检部门）。样品基数是指抽取样品的产品数量，单位为 t 或 kg 等。这产品数量为一个追溯精度的产量，可以是一个批次的产量。抽样方法填写随机抽样。

表 2-51　产品抽样单

单位全称			
通信地址			
追溯编码		电话号码	
产品名称		型号规格	
抽样地点		注册商标	
样品数量		检验类别	
样品基数		产品等级	
执行标准		样品状态	
生产日期		到样日期	
抽样方法：		交送质检部门方式：	
受检单位经手人（签字） 年　月　日		受检单位法人（签字） 年　月　日（公章）	
抽样单位经手人（签字） 年　月　日		抽样单位法人（签字） 年　月　日（公章）	

2. 检测机构

（1）实验室设施环境 实验室使用面积适宜，布局合理、顺畅，无交叉污染，水电气齐备，温湿度与光线满足检测要求，通风要求良好，台面、地面清洁干净，实验室无噪声、粉尘等影响，安全设施齐全。实验室实施环境见图 2-22。

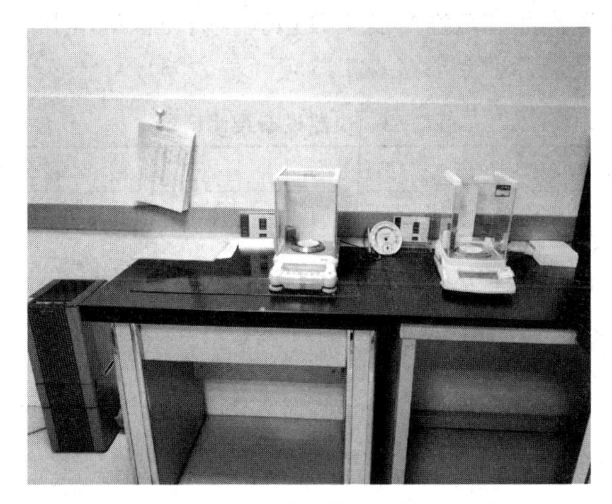

图 2-22 生产经营主体产品检测实验室

（2）人员管理

①任职资格。实验室所有检测人员应具备产品检验检测相关知识，并经职业技能技术培训、考核合格取得化验员资质。

②检测能力。检测人员要掌握分析所必需的各种实验操作技能，掌握仪器设备的维护、保养基本知识，具备独立的检测能力，熟练掌握茶叶出厂检验所检项目，如水分、灰分的测定方法。此外，对于茶叶感官品质的评定，检测人员应参加相关培训并取得相应的感官评价资质后方可进行。

③人员培训。定期对人员培训，做好相应的记录，并建立人员档案，一人一档（表 2-52）。

表 2-52 人员培训登记表

文件通知			
培训人员		培训时间	
培训地点		培训内容	
学习心得			

（3）检测设备　实验室检测仪器应定期进行检定或校准，并制订相应的检定或校准计划，保存相关记录，仪器设备应粘贴有效标识。仪器设备应授权给专人使用，并按照作业指导书进行操作，定期维护，填写并保存详细的使用、维护、维修记录。

①检查检测设备。检测设备的品种、量程、精度、性能和数量应满足原辅材料、中间产品和最终产品交收检验参数方法标准和工作量的要求，配备的检测设备与标准要求需要相适应（表2-53）。

表2-53　仪器设备维修记录

名称		型号		编号	
使用人		故障发生时间			
故障情况：					
故障排除情况：					
备注：					

②计量器具检定有效。纳入《中华人民共和国强制检定的工作计量器具明细目录》和《中华人民共和国依法管理的计量器具目录》的工作计量器具，应经有资质的计量检定机构计量检定合格，获得合格检定证书。

没有计量检定规程的非强制性计量检定的工作计量器具，可以按JJF 1071—2010《国家计量校准规范编写规则》要求编制自校规程进行自校，也可以委托计量检定资质机构校准。

③检定周期。可参考GB/T 27404—2008《实验室质量控制规范　食品理化检测》附录B“食品理化检测实验室常用仪器设备及计量周期”的规定，定期对天平、烘箱等仪器设备进行检定。

3. 检测时间和检验结果

检测结果由检验报告体现，检验报告包括检验报告编号（同样品编号）、追溯码、产品名称、受检单位等。

检测原始记录是编制检验报告的依据，是查询、审查、审核检测工作

质量、处理检测质量抱怨和争议的重要凭据。因此，检测原始记录内容应包括影响检测结果的全部信息，通常应包括以下内容：检测项目名称和编号、方法依据、试样状态、开始检测日期、环境条件和检测地点、仪器设备及编号、仪器分析条件、标准溶液编号、检测中发生的数据记录、计算公式、精密度信息、备注、检测、校核、审核人员签名等信息。

检验人员应对原料进厂、加工直至成品出厂全过程进行监督检查，重点做好原料验收和成品检验工作。

(1) *原料验收检验* 为确保生产经营主体所采购的原料符合规定要求，根据《中华人民共和国食品质量法》等相关法律法规的规定，结合本单位实际，其检测机构或委托的有资质的质检机构要对采购的原料进行原料验收检验。检验不合格的原料拒收入库，做好相关的验收检验记录（表2-54），保存好购销合同以及相关的单据，确保原料的可追溯性。

表 2-54 原料检验记录表

批号	原料来源	样品数量（kg）	检验项目			检验人
			感官	……	……	

记录人： 负责人：

年 月 日 年 月 日

(2) *出厂检验（交收检验）项目、方法要求* 对正式生产的产品在出厂时必须进行的最终检验，用以评定已通过型式检验的产品在出厂时是否具有型式检验中确认的质量，是否达到良好的质量特性的要求。

产品标准中规定出厂检验（交收检验）项目和方法标准的，按产品标准的规定执行。

部分产品标准中仅规定了技术要求和参数的方法标准，没有规定产品出厂检验（交收检验）项目的，可以按国家市场监督管理总局《食品生产许可证审查细则》（sc）中规定的产品出厂检验（交收检验）项目和方法标准执行。

在不违反我国法律法规、政府文件和现行有效标准前提下，产品出厂检验（交收检验）按贸易双方合同中约定的产品的质量安全技术要求、检验方法、判定规则的要求执行。如果企业实验室具备独立检测的能力，可以自行检测；如果不具备独立检测能力，可以全部委托有资质的质检机构进行出厂检验，完成出厂检验（交收检验）应规范地填写出厂检验报告（表 2-55）。

表 2-55　出厂检验报告

<table>
<tr><td colspan="2">样品名称</td><td></td><td>样品编号</td><td></td></tr>
<tr><td colspan="2">样品来源</td><td></td><td>代表数量</td><td></td></tr>
<tr><td>序号</td><td>项目</td><td>技术要求</td><td>检验结果</td><td>单项判定</td></tr>
<tr><td>1</td><td></td><td></td><td></td><td></td></tr>
<tr><td>2</td><td></td><td></td><td></td><td></td></tr>
<tr><td>3</td><td></td><td></td><td></td><td></td></tr>
<tr><td>…</td><td></td><td></td><td></td><td></td></tr>
<tr><td colspan="3">检验结论</td><td colspan="2">所检项目符合××《××》标准规定的要求，判该批产品××</td></tr>
<tr><td colspan="5">备注：追溯码</td></tr>
</table>

检验人：　　　　　　　　　　　　　　　　责任人：
年　　月　　日　　　　　　　　　　　　　年　　月　　日

产品生产过程和入库后，应当按照产品标准要求检测产品的规定参数（企业可以根据本单位实际情况增加项目）。

实验室检验后应解释检验结果是发生在哪一工艺段上，尤其是不合格项目，以便整改。也就是说，实验室不仅负责检验，还负责解释项目发生在何工艺段。至于不合格原因，不需实验室解释，由工艺段的负责人解释。茶叶生产企业的实验室检验步骤如下：

①检验依据的确定。

依据与茶叶产品有关的现行有效法规和标准。标准中规定的出厂检验项目，则由生产企业实验室完成；其他项目由承担型式检验的厂外有资质的实验室完成，但本厂需知道检验项目发生的工艺段，以便整改。与茶叶有关的现行有效法规和标准如下：

（a）绿茶。

GB/T 14456.1—2017《绿茶　第 1 部分：基本要求》、GB/T 14456.2—2018《绿茶　第 2 部分：大叶种绿茶》、GB/T 14456.3—2016《绿茶　第 3 部分：中小叶种绿茶》、GB/T 14456.4—2016《绿茶　第 4 部分：珠茶》、

GB/T 14456.5—2016《绿茶 第5部分：眉茶》、GB/T 14456.6—2016《绿茶 第6部分：蒸青茶》等。

（b）红茶。

GB/T 13738.1—2017《红茶 第1部分：红碎茶》、GB/T 13738.2—2017《红茶 第2部分：工夫红茶》、GB/T 13738.3—2012《红茶 第3部分：小种红茶》等。

（c）乌龙茶。

GB/T 30357.1—2013《乌龙茶 第1部分：基本要求》、GB/T 30357.2—2013《乌龙茶 第2部分：铁观音》、GB/T 30357.3—2015《乌龙茶 第3部分：黄金桂》、GB/T 30357.4—2015《乌龙茶 第4部分：水仙》、GB/T 30357.5—2015《乌龙茶 第5部分：肉桂》、GB/T 30357.6—2017《乌龙茶 第6部分：单丛》、GB/T 30357.7—2017《乌龙茶 第7部分：佛手》等。

（d）普洱茶。

GB/T 22111—2008《地理标志产品 普洱茶》、NY/T 779—2004《普洱茶》等。

（e）紧压茶。

GB/T 9833.1—2013《紧压茶 第1部分：花砖茶》、GB/T 9833.2—2013《紧压茶 第2部分：黑砖茶》、GB/T 9833.3—2013《紧压茶 第3部分：茯砖茶》、GB/T 9833.4—2013《紧压茶 第4部分：康砖茶》、GB/T 9833.5—2013《紧压茶 第5部分：沱茶》、GB/T 9833.6—2013《紧压茶 第6部分：紧茶》、GB/T 9833.7—2013《紧压茶 第7部分：金尖茶》、GB/T 9833.8—2013《紧压茶 第8部分：米砖茶》、GB/T 9833.9—2013《紧压茶 第9部分：青砖茶》等。

（f）白茶。

GB/T 22291—2017《白茶》、GB/T 31751—2015《紧压白茶》等。

（g）黑茶。

GB/T 32719.1—2016《黑茶 第1部分：基本要求》、GB/T 32719.2—2016《黑茶 第2部分：花卷茶》、GB/T 32719.3—2016《黑茶 第3部分：湘尖茶》、GB/T 32719.4—2016《黑茶 第4部分：六堡茶》、GB/T 32719.5—2018《黑茶 第5部分：茯茶》等。

（h）黄茶。

GB/T 21726—2018《黄茶》等。

（i）花茶。

GB/T 22292—2017《茉莉花茶》、GH/T 1117—2015《桂花茶》等。

(j) 其他。

GB/T 31740.1—2015《茶制品　第1部分：固态速溶茶》、GB/T 24690—2018《袋泡茶》、GB/T 34778—2017《抹茶》、NY/T 2672—2015《茶粉》等。

(k) 地理标志产品。

GB/T 18650—2008《地理标志产品　龙井茶》、GB/T 22109—2008《地理标志产品　政和白茶》、GB/T 21003—2007《地理标志产品　庐山云雾茶》、GB/T 18745—2006《地理标志产品　武夷岩茶》、GB/T 20605—2006《地理标志产品　雨花茶》、GB/T 26530—2011《地理标志产品　崂山绿茶》、GB/T 19460—2008《地理标志产品　黄山毛峰茶》、GB/T 20354—2006《地理标志产品　安吉白茶》、GB/T 18957—2008《地理标志产品　洞庭（山）碧螺春茶》、GB/T 22737—2008《地理标志产品　信阳毛尖茶》、GB/T 18665—2008《地理标志产品　蒙山茶》、GB/T 19698—2008《地理标志产品　太平猴魁茶》、GB/T 22109—2008《地理标志产品　政和白茶》、GB/T 19691—2008《地理标志产品　狗牯脑茶》等。

②质量安全项目的确定。

将以上法规和标准的要求归纳总结在一起，成为质量安全项目，同时列出这些项目发生的工艺段（图 2-3）如下：

(a) 感官：鲜叶采收、杀青、揉捻、干燥。

(b) 水分：各加工工艺段的烘干温度和时间、储藏保存的环境条件。

(c) 粉末：干燥、包装、储运。

(d) 重金属：灌溉水、土壤、大气等种植环境因素。

(e) 农残：种植过程的农药使用、采收时是否按照采收间隔期。

③由以上分析可确定从种植到加工过程的信息采集点及采集要素信息内容如下：

信息采集点 1：农药使用、肥料使用。

信息采集点 2：灌溉水水质、土壤检验报告。

信息采集点 3：加工工艺，包括干燥、发酵等。

信息采集点 4：检验结果。

信息采集点 5：仓储温度、湿度、包装材料、规格及来源。

信息采集点 6：运输时间、卫生条件、销售地或批发商代码等。

4. 型式检验项目、方法要求

型式检验是依据产品标准，对产品各项指标进行的全面检验，以评定产品质量是否全面符合标准。

(1) 在有下列情况之一时，应进行型式检验：

①新产品或者产品转厂生产的试制定型鉴定；

②正式生产后，如结构、材料、工艺有较大改变，可能影响产品性能时；

③长期停产后，如结构、材料、工艺有较大改变，可能影响产品性能时；

④长期停产后恢复生产时；

⑤正常生产，按周期进行型式检验；

⑥出厂检验（交收检验）结果与上次型式检验有较大差异时；

⑦国家质量监督机构提出进行型式检验要求时；

⑧用户提出进行型式检验的要求时。

（2）型式检验的检验项目、检验方法标准、检验规则均按产品标准规定执行。按需要还可增测产品生产过程中实际使用，而产品标准中没有要求的某一种或多种农药、或兽药、或食品添加剂等安全指标参数。

（3）根据生产经营主体实验室技术水平和检测能力，可以由其实验室独立承担、或部分自己承担和部分委托、也可全部委托有资质的质检机构承担型式检验。

（4）农产品型式检验的检验频次应每年至少1次。

（5）产品检测原始记录：试样名称、样品唯一性编号、追溯编码、检验依据、检验项目名称、检验方法标准、仪器设备名称、仪器设备型号、仪器设备唯一性编号、检测环境条件（温湿度）、两个平行检测过程及结果导出的可溯源的检测数据信息（包含：称样量、计量单位、标准曲线、计算公式、误差、检出限等）、检测人员、检测日期、审核人、审核日期。

（6）产品检验报告：检验报告编号（同样品唯一性编号）、追溯编码、产品名称、受检单位（人）、生产（加工）单位、检验类别、商标、规格型号、样品等级、抽样基数、样品数量、生产日期、样品状态、抽样日期、抽样地点、检验依据、检验项目、计量单位、标准要求、检测结果、单项结论、检测依据、检验结论、批准人、审核人、制表人、签发日期（表2-56）。

表2-56 农业农村部＊＊＊监督检验测试中心（＊＊）

检 验 报 告

No：　　　　　　　　　　　　　　　　　　　　　　　　　　共2页第1页

产品名称		型号规格	
抽检单位		商　　标	
受检单位		检验类别	
		样品等级	

（续）

<table>
<tr><td>生产单位</td><td></td><td>样品状态</td><td></td></tr>
<tr><td>抽样地点</td><td></td><td>抽样日期
到样日期</td><td></td></tr>
<tr><td>样品数量</td><td></td><td>抽样者
送样者</td><td></td></tr>
<tr><td>抽样基数</td><td></td><td>原编号或生产日期</td><td></td></tr>
<tr><td>检验依据</td><td></td><td>检验项目</td><td>见报告第二页</td></tr>
<tr><td>所用主要仪器</td><td></td><td>实验环境条件</td><td></td></tr>
<tr><td>检验结论</td><td colspan="3">（检验检测专用章）
签发日期：　　年　月　日</td></tr>
<tr><td>备注</td><td colspan="3"></td></tr>
</table>

批准：　　　　审核：　　　　制表：

农业农村部＊＊＊监督检验测试中心（＊＊）

检 测 结 果 报 告 书

№：　　　　共 2 页 第 2 页

序号	检验项目	单位	标准要求	检测结果	单项结论	检测依据
1						
2						
3						
4						
5						
6						
7						
8						
备注						

第六节 信息管理

一、信息存储

【标准原文】

7.1 信息存储

应建立信息管理制度。纸质记录应及时归档，电子记录应每 2 周备份一次，所有信息档案保存一般不应少于 2 年，对于保质期长于 2 年的茶叶，产品信息档案保存期不应短于保质期。

【内容解读】

信息管理制度中信息指在农产品质量安全追溯系统建设和运行过程中形成的、与农产品质量安全追溯相关的信息。生产经营主体在农产品质量安全追溯过程中应建立统一规范、分级负责、授权共享、运行安全的信息管理制度。

生产经营主体的农产品质量安全追溯系统记录信息主要分种植信息、加工信息、储存信息和销售信息 4 个部分。信息的记录方式为纸质记录和电子记录。各信息采集点采集人员应根据追溯产品的各个环节的要求做好纸质记录并及时归档；纸质记录确认正确后由电子信息录入人员录入质量安全追溯系统，形成电子记录，电子记录在每次录入完成后应每 2 周备份一次数据。所有信息档案应由专人保管负责，纸质记录档案应防火、防潮、防盗；电子信息记录应定期按时进行整盘备份。所有信息档案均应由专门部门、专人负责保存，保存期 2 年以上。特别是对于保质期长于 2 年的茶叶，其档案保存期限需长于产品保质期，需注意档案保存的环境条件，配备必要的设施确保保存环境符合要求，并定期检查档案是否完好。

【实际操作】

1. 信息管理制度的建立

（1）总述

①农业生产经营主体（组织或机构）为加强自身产品质量安全追溯信息系统管理及设备使用、维护，保障质量安全追溯工作顺利实施，制定农业生产经营主体的信息管理制度。

②信息管理制度旨在根据农业生产经营主体（组织或机构）的产品质量安全追溯信息系统运行特点，结合生产管理现状、机构设置情况和设备分配情况，明确岗位责任，细化岗位分工，规范操作行为，确保系统设备

正常维护、运行，保障追溯信息系统顺畅运行。

③信息管理制度的建立，应遵循注重实际、突出实效、强化责任、协调配合的原则。

④信息管理制度适用于承担该生产经营主体（组织或机构）的产品质量安全追溯信息系统运行任务的部门和人员。

（2）岗位职责　农业生产经营主体（组织或机构）的质量安全追溯信息系统操作流程中，各环节由专门机构负责生产和信息管理。以下6个环节均要求各自完成信息采集后及时通过网络传送到追溯信息系统平台。

①种植。由固定的部门或组织通过统一生产管理模式，采取统一供应种苗、统一购置肥料等投入品等措施，完成产品的生产过程。信息采集由指定的信息采集员具体落实，负责信息采集时进行技术指导和采集、纸质档案记录到户或种植户组、信息采集后及时通过网络传送到追溯信息系统平台。由各种植户（组）各自进行生产时，需要每个种植户（组）指定一人负责采集生产相关的信息，纸质档案记录到户或种植户组，信息采集后及时通过网络传送到追溯信息系统平台。

②鲜叶收购与分级。由加工企业合理制定收购要求及分级标准，并根据要求按追溯精度进行存放，存放位置要与非追溯鲜叶加以隔离，并设置显著的识别标志，收购、分级及存放过程中的信息及时记录并上传。

③产品加工。加工企业按照追溯精度组织分批加工、包装，追溯产品的加工与非追溯产品的加工要具有一定的时间间隔，避免追溯产品与普通产品及不同追溯精度的产品相互混杂的现象发生。产品加工前后及时将加工信息进行采集，并通过网络上传质量安全追溯信息系统。

④成品入（出）库。按照生产班次接收成品，进行质量检验，并按生产批次、产品类别等分开存放，并设立标识便于区分。

⑤成品检测。成品检测由实验室负责，检测项目及方法按照国家相应标准执行，产品检验后填写产品出厂检验报告，并将检验结果上传至追溯信息系统平台。

⑥销售。加工企业销售部门通过各地分销商、批发商和零售商实现有计划的产品销售。

（3）设备使用及维护职责　本制度所涉及的质量安全追溯设备包括电子信息采集设备、网络设备、打印机、U盘、照相机、录像机等设备，制度规定了设备正确、安全的使用及日常的维护工作规范。

（4）日常运行

①原始档案记录。原始档案记录是追溯信息的源头，各信息采集点

技术员是此项工作的责任人，主管领导对档案记录的真实性负有领导责任。信息记录员要严格按照农业生产经营主体（组织或机构）下发的质量安全追溯信息原始记录册或原始记录表所列项目填写，保证信息完整、准确。

农业生产经营主体（组织或机构）设立专门机构或人员，负责对追溯项目实施过程中设备分配情况、项目运行情况、日常监管情况、信息上报情况等进行记录。

②信息中心。农业生产经营主体（组织或机构）信息中心负责质量安全追溯信息管理、审核、上报，拥有对追溯信息的最高管理权限。

信息中心对各采集点的数据及纸质记录进行抽查核对，发现问题后退回信息采集点，修改后再次上报。上报数据经信息中心核查无误后，上传至质量安全追溯系统平台，同时对上报数据进行备份。传输追溯信息的时间不得晚于追溯产品的上市时间。

③追溯系统应急。当出现因错操作或其他原因造成运行错误、系统故障时，应立即停止工作、上报故障情况。当天无法排除故障时，应保存好纸质信息记录，待系统恢复后及时将信息录入到系统中。

喷码机、标签打印机等专用设备出现故障无法正常使用时的处理，相关负责人要及时上报。质量安全追溯相关部门根据故障发生情况作出响应，下发备用设备并及时联系技术人员对故障机器进行维修，最大程度减少故障造成的影响。

信息中心追溯系统出现运行故障时，由信息中心工作人员先对数据库进行备份，然后及时与上级专家沟通，求得技术援助，尽快恢复系统运行。

（5）运行监管 信息中心、操作区、农业加工生产经营主体作为协管部门积极配合追溯监管工作，各单位的主任、经理是监管责任人。其监管职责是：

①信息中心负责追溯信息的日常管理，包括数据的采集、上报、审核、整理、上传等。

②操作区主要负责种植档案填写、系统信息采集、上报的监管。

③农业加工生产经营主体负责产品加工计划、加工档案填写、系统信息的采集、上报的监管。同时，要对标识载体的使用进行监督。

（6）系统维护

①设备的购置、领用及盘查。设备由农业生产经营主体（组织或机构）信息中心统一组织采购，并按需求发放到各采集点。购置的设备应建立设备台账，在发放中确定设备使用主体及设备负责人，经签字确认后领

取。设备负责人作为关键设备的直接责任人，负责对设备进行日常使用及维护，保障设备及数据安全，禁止非操作人员使用及挪作他用。信息中心定期对设备的使用情况进行盘查，发现挪用、损坏现象追究相关人员责任。

②普通计算机操作维护。每台计算机在使用时要保持清洁、安全、良好的工作环境，禁止在计算机应用环境中放置易燃、易爆、强腐蚀、强磁性等有害计算机设备安全的物品。做好计算机的防尘工作，经常对计算机所在的环境进行清理。做好计算机防雷安全工作；打雷闪电时应暂时关闭计算机系统及周边设备，并断开电源，防止出现雷击现象。每台计算机要指定专人负责，做到专机专用。严禁挪作其他用途。每台计算机要设置管理员登录密码，防止非法用户擅自进入系统，篡改信息。不得私自拆解设备或更换、移除计算机配件；及时按正确方法清洁和保养计算机，消除其污垢，保证计算机正常使用，操作员有事离开时，要先退出应用软件或将桌面锁定。每台计算机均要安装有效的病毒防范和清除软件，并做到及时升级。信息录入时，要注意经常备份系统数据，备份除在计算机中保存外，要利用U盘、移动硬盘等媒介重复备份。

③专用设备操作维护。专用设备包括条码打印机和喷码机等。追溯设备使用前，操作者均应详细阅读使用说明书，并严格遵从所有规范的操作方法。关键设备需要先对操作人员进行技术培训后方可使用，未进行培训的人员不得擅自使用追溯设备。所有设备的说明书要进行统一保管，不得遗失，所有设备要登记造册，不得更换、遗失设备。

（7）人员培训　为保证项目的顺利实施，应定期对相关人员进行培训。

①制度培训：对项目涉及的所有人员进行上岗前追溯制度及工作流程技术培训。质量安全追溯制度修改后，要增加更新内容解读的培训。

②技术培训：每年农业生产开始前由农业生产经营主体（组织或机构）相关部门对质量安全追溯涉及的生产人员、技术管理人员进行技术培训，掌握高标准的技能知识。

③当责任部门、追溯岗位技术人员因职务变动、岗位调换等原因发生变化时，应分别对新增人员进行管理制度和系统操作技术的培训，保证其能够尽快熟知工作制度，掌握系统技术操作技能。

2. 信息的存储

农业生产经营主体（组织或机构）农产品质量安全追溯系统记录信息（以种植业为例）的记录方式主要分为纸质信息记录和电子信息记录。

(1) 纸质信息的存储要求

①各采集点信息采集人员根据追溯产品的生产环节做好纸质档案记录，尤其是在投入品的种类及使用信息、生产工艺中的产品收购、储藏、加工条件等记录。

②要求各采集点的原始档案记录要及时、真实、完整、规范，记录后认真核查，确认无误后由电子信息录入人员录入质量安全追溯系统平台。

③加工环节要做到动态汇总整理，做好入库、出库及加工的详细记录，并及时汇总上传。

④所有纸质原始记录在种植阶段或加工阶段结束后，由信息员进行整理，统一上交，归档保管。

⑤原始记录应及时归档，按年度或类型装订成册，每册有目录，查找方便；原始档案有固定场所保存，要有防止档案损坏、遗失的措施。

(2) 电子信息的储存要求 各采集点的追溯信息应在每次录入完毕后进行备份。电子记录备份到计算机的非系统盘和可移动存储盘上。生产周期内，要保证应每 2 周将采集数据备份一次。农业生产经营主体（组织或机构）信息中心要保证有新数据上传时的备份，并交专人保管，做好记录。用于储存电子信息的计算机和可移动硬盘应专用，不可他用。做好电子病毒防护工作并定期进行杀毒管理。可移动硬盘存储设备应归档保管由专人负责，防止损坏。计算机追溯信息至少要保留 2 年以上。对于保质期长于 2 年的茶叶，其档案保存期限须长于产品保质期，需注意档案保存的环境条件，配备必要的设施确保保存环境符合要求，并定期检查档案是否完好。

二、信息传输

【标准原文】

7.2 信息传输

上一环节操作结束时，应及时通过网络、纸质记录等以代码形式传递给下一环节，企业、组织或机构汇总诸环节信息后传输到追溯系统。

【内容解读】

农产品追溯环节主要分为种植环节和加工环节，有种植单元、施肥、用药、茶园管理、鲜叶采收、初加工、精加工、储藏、检验、包装、销售等具体内容。建立畅通的通信网络，确保各信息采集点信息传递渠道畅通。各个环节操作时，应及时进行各个环节的相关信息的采集，并做好相关纸质记录和电子记录。各个环节的信息记录应编写唯一性环节信息代码，以便传递给下一环节。

【实际操作】

加工企业与农业生产经营主体（组织或机构）实行一对一单线传承关系。将采集的信息数据以代码形式应准确无误传递给下一环节，每个传递环节之间应进行核实。信息采集后要在第一时间通过网络或者可移动设备等将数据信息及时上报到信息中心。信息中心对上报的各个环节信息进行核实并编辑汇总，确认无误后，将信息传输到质量安全追溯系统平台，形成信息传承关系示意图（图 2-23）。

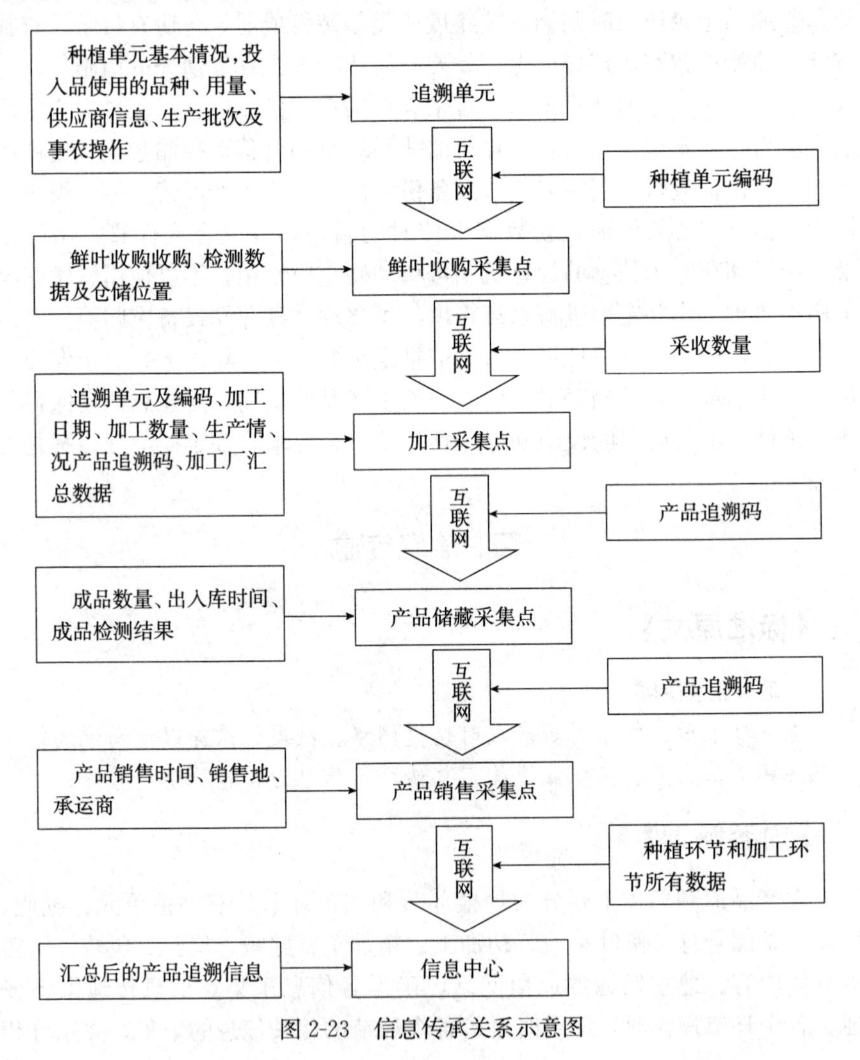

图 2-23 信息传承关系示意图

三、信息查询

【标准原文】

7.3 信息查询

应建立以互联网为核心的追溯信息发布查询系统，信息分级发布。鼓励企业（组织或机构）建立质量追溯的短信、语音和网络查询终端。信息至少包括种植者、产品、产地、加工企业、批次、质量检验结果、产品标准。

【内容解读】

生产经营主体采集的信息应覆盖生产、加工等全过程的关键环节，满足追溯精度和深度的要求。生产经营主体应具备多种渠道，供消费者对质量安全产品进行查询，如短信、语音和网络查询等。查询内容至少包括种植者、产品、产地、加工企业、批次、质量检验结果、产品标准等具体内容。

【实际操作】

具备信息中心的生产经营主体应制定信息查询系统和产品追溯流程，确定每个环节信息采集内容和格式要求，汇总各信息采集点上报的数据，形成完整追溯链，并通过网络向信息中心上传数据。调试标签打印机、喷码机等专用设备，定制短信查询、语音查询、网络查询、条形码查询和二维码查询等内容，规范采集点编号，建立操作人员权限，形成符合企业实际的追溯系统，实现上市产品可查询、可监管。不具备信息中心的应实时记录生产信息，定期归档，建立纸质档案目录，便于查询。

产品追溯标签是消费者查询的主要方式，企业应将追溯标签使用粘贴的方式或其他合理方式置于产品最明显的位置，方便消费者在购买时进行查询使用。

消费者通过查询追溯码等查询渠道应可以查询到生产者、产品、产地、加工、批次、质量检验结果、产品标准等主要信息。生产经营主体应做到生产有记录、流向可追踪、信息可查询、质量可追溯、责任可界定。

第七节 追溯标识

【标准原文】

8 追溯标识

按 NY/T 1761 的规定执行。

【内容解读】

NY/T 1761《农产品质量安全追溯操作规程　通则》规定的内容如下：

1. 可追溯农产品应有追溯标识，内容应包括追溯码、信息查询方式、追溯标志。

2. 追溯标识载体根据包装特点采用不干胶纸制标签、锁扣标签、捆扎带标签、喷印等形式，标签位置显见，固着牢靠。标签规格大小由农业生产经营主体（组织或机构）自行决定。

【实际操作】

1. 追溯标识的设计及内容

追溯标识要求图案美观，文字简练、清晰，内容全面、准确。追溯标识包括以下4个方面的内容：

（1）追溯标志　图形已作规定，大小可依追溯标签大小而变。

（2）说明文字　表明农产品质量安全追溯等内容。

（3）信息查询渠道　语音渠道、短信渠道、条形码渠道和二维码渠道。

（4）追溯码　由二维码和代码两部分组成。

追溯标识示意图见图2-24。

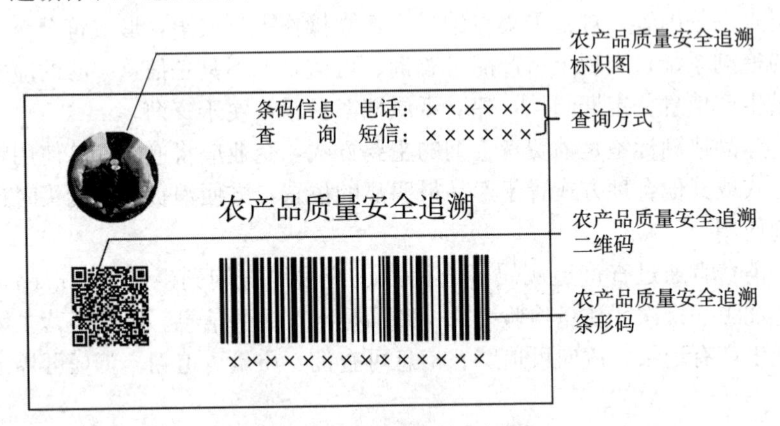

图2-24　追溯标识示意图

目前，二维码广泛用于各种商标和商品识别中，主要有QR码、Maxi码、PDF417码、Aztcc码等。农产品质量安全追溯标识中现使用QR码。QR码具有超高可靠性、防伪性和可表示多种文字图像信息等特点，在我国被广泛应用。

2. 追溯标签的粘贴及形式

追溯标签的粘贴要求如下：

（1）粘贴位置应美观、整齐、统一，位于直面消费者包装的显著位置。

（2）粘贴牢固，难以脱落、磨损。依据产品及其包装材质，生产经营主体自主决定用不干胶纸制标签、锁扣标签、捆扎带标签、喷印等形式。采用喷码打印或激光打码时，应图案清晰、位置合理，且产品包装应体现查询方式。

（3）标签使用的规格大小由生产经营主体自行决定，其应与追溯产品包装规格匹配，大小适合自身产品即可。

3. 追溯标识载体的使用

（1）追溯产品出入库时，应认真清点，做到数量、规格准确无误。

（2）追溯标识载体仅使用于追溯产品，其他产品严禁使用。追溯产品使用追溯标识载体时，必须按照要求在指定位置粘贴追溯标签或者喷制产品追溯码。

第八节 体系运行自检

【标准原文】

9 系统运行自检

按 NY/T 1761 的规定执行。

【内容解读】

根据 NY/T 1761 规定，农业生产经营主体（组织或机构）应建立追溯体系的自查制度，定期对农产品质量安全追溯体系的实施计划及运行情况进行自查。检查结果应形成记录，必要时提出追溯体系的改进意见。

1. 概述

自查制度是为检查农业生产经营主体（组织或机构）各项农产品质量安全追溯活动是否符合体系要求，验证其所建立的农产品质量安全追溯体系运行的适宜性、有效性，评价是否达到农产品质量安全追溯体系建设预期目标而进行的有计划的、独立的检查活动。通过自查，能发现问题、分析原因、采取措施解决问题，以实现农产品质量安全追溯体系的持续改进。

2. 目的

（1）确定受审核部门的农产品质量安全追溯体系建设符合规定要求。

（2）确定所实施的农产品质量安全追溯体系有效性满足规定目标。

（3）通过自查了解农业生产经营主体（组织或机构）农产品质量安全

追溯体系的活动情况与结果。

3. 依据

农产品质量安全追溯体系文件对体系的建立、实施提供具体运作的指导，是自查依据的主要准则。

4. 原则

对农产品质量安全追溯体系的实施计划及运行情况自查应遵从实事求是、客观公正、科学严谨的原则。

（1）客观性　客观证据应是事实描述，并可验证，不含有任何个人的推理或猜想。事实描述包括被询问的责任人员的表述、相关的文件和记录等存在的客观事实。

对收集到的客观证据进行评价，并最终形成文件。文件内容包括自查报告、巡检员检查表、不符合项报告表、首末次会议签到等。通过文件形式以确保自查的客观性。

（2）系统性　自查分为材料审查和现场查看2种形式。

材料审查重点是检查农产品质量安全追溯体系文件的符合性、适宜性、可操作性。根据自查小组成员的分工，对照农产品质量安全追溯体系运行自查情况表（表2-57）中所规定的各项检查内容逐项进行，同时做好存在问题的记录。

表2-57　农产品质量安全追溯体系运行自查情况表

条款	检查内容	检查要点	不符合事实描述	整改落实情况
1	建立工作机构，相应工作人员职责明确	机构和人员部分要求		
2	制订完善、可操作的追溯工作实施方案，并按照实施方案开展工作	机构和人员部分要求		
3	制定完善的产品质量安全追溯工作制度和追溯信息系统运行制度	管理制度部分要求		
4	产品质量安全事件应急预案等相关制度按要求修改完善并落实到位	管理制度部分要求		
5	各信息采集点信息采集设备配置合理	信息采集部分要求		
6	配置适合生产实际的标签打印、条码识别等专用设备	实施要求部分要求		

（续）

条款	检查内容	检查要点	不符合事实描述	整改落实情况
7	追溯精度与追溯深度的设置是否符合生产实际	实施要求部分要求 术语和定义部分要求		
8	采集的信息覆盖生产、加工等全过程的关键环节，满足追溯精度和深度的要求。具有保障电子信息安全的软硬件措施。系统运行正常，具备全程可追溯性	实施原则部分要求 信息采集部分要求		
9	规范使用和管理追溯标签、标识。信息采集点设置合理，生产档案记录表格设计合理。生产档案记录真实、全面、规范，记录信息可追溯。具有相应的条件保障企业内部生产档案安全	信息采集部分要求 追溯标识部分要求		
10	具有质量控制方案，并得以实施	管理制度部分要求		
11	具有必要的产品检验设备，计量器具检定有效，产品有出厂检验和型式检验报告	产品检验部分要求		

现场查看重点是检查农产品质量安全追溯体系文件执行过程的符合性、达标性、有效性、执行效率；如察看农产品质量安全追溯产品生产的各个环节、质量安全控制点和相关原始记录情况；察看硬件网络和质量安全追溯设备配置情况、系统运行应用情况；检查系统管理员及信息采集员的操作应用情况、信息采集情况以及软件操作熟练程度；从农产品质量安全追溯系统中随机抽取若干个批次的追溯码进行可追溯性验证，查询各环节信息的采集和记录情况，将纸质档案与系统内信息进行对照检查，检查是否符合要求。

符合性是指农产品质量安全追溯活动及有关结果是否符合体系文件要求。

有效性是指农产品质量安全追溯体系文件是否被有效实施。

达标性是指农产品质量安全追溯体系文件实施的结果是否达到预期的目标。

5. 人员配置及职责

根据农产品质量安全追溯体系自查工作需要，自查小组成员一般由农业生产经营主体（组织或机构）中生产技术部、品质管理部、企业管理部、信息技术部等人员组成。根据自查小组成员自身专业特长和工作特点赋予其不同的职责。当农业生产经营主体（组织或机构）规模较大，部门设置比较完善的情况下，可以由以下部门人员组成自查小组。当农业生产经营主体（组织或机构）规模较小，部门设置不全的情况下，可以一人兼顾多人的工作职责组成自查小组。

（1）企业管理部人员　主要由从事项目管理、了解农产品质量安全追溯体系建设基本要求和工作特点的人员组成。主要承担农产品质量安全追溯体系的制度建立、规划制订等方面的工作。

（2）生产技术部人员　主要由从事农业生产、在某一特定的区域对某种产品的生产、加工、储运等方面具有一定知识的生产技术人员组成。主要承担农产品质量安全追溯体系的生产档案建立、信息采集点设置等方面的工作。

（3）品质管理部人员　主要由了解农产品质量安全标准、从事农产品检测等方面的人员组成。主要承担农产品质量安全追溯产品质量监控、产品检测、人员培训等方面的工作。

（4）信息技术部人员　主要由了解农产品质量安全追溯体系构成及应用、能够熟练处理追溯系统软硬件问题的人员组成。主要承担农产品质量安全追溯体系应用等方面的工作。

6. 系统运行自检频次

（1）常规自查　按年度计划进行。由于农产品生产的特殊性，应每一生产周期至少自查一次。

（2）农业生产经营主体（组织或机构）应增加自查频次的情况

①出现质量安全事故或客户对某一环节连续投诉；

②内部监督连续发现质量安全问题；

③农业生产经营主体（组织或机构）组织结构、人员、技术、设施发生较大变化。

【实际操作】

农产品质量安全追溯体系内部自查审核一般分为5个阶段：自查的策划与准备、自查的实施、编写自查报告、跟踪自查巡检验证、自查总结。农产品质量安全追溯体系自查流程图，见图2-25。

1. 自查的策划与准备

农产品质量安全追溯体系内部自查审核一般分为5个阶段：自查的策划与准备、自查的实施、编写自查报告、跟踪自查巡检验证、自查总结。

应组织有关人员策划并编制《年度自查计划》（表2-58）。年度自查计划可以按受审核部门进行开展。

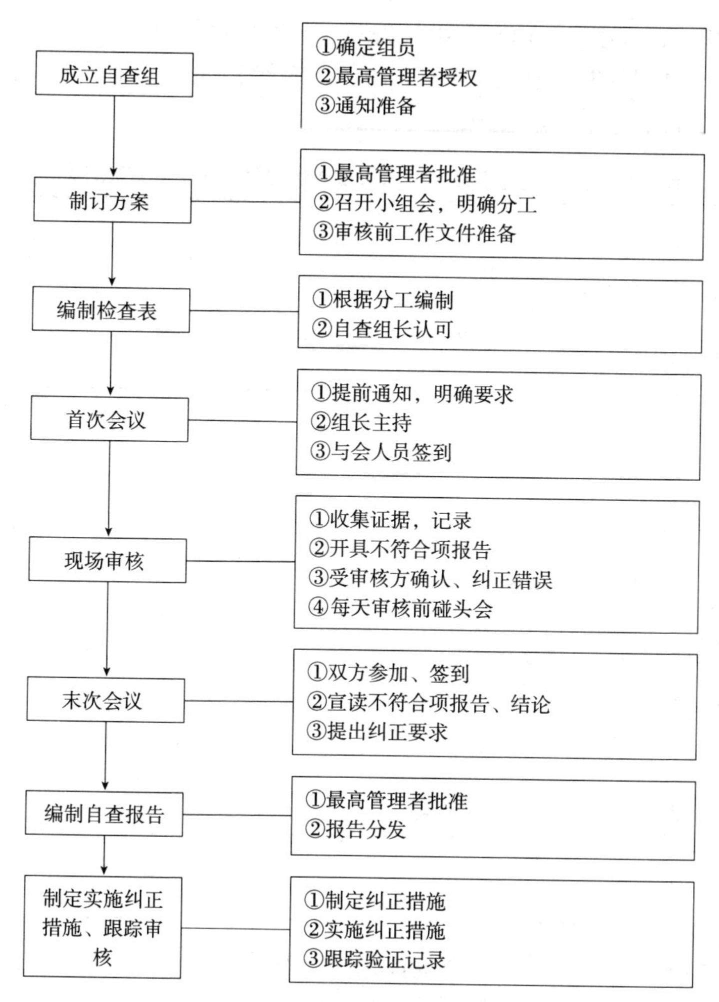

图 2-25　自查流程图

表 2-58　________年度农产品质量安全追溯体系自查计划

条款/受审核部门 \ 审核月份		一月	二月	三月	四月	五月	六月	七月	八月	九月	十月	十一月	十二月
1	种植基地												
2	生产车间												
3	品质管理部												
4	销售部												
5	信息部												
6	企业管理部												
7	生产技术部												

应成立自查小组，由自查组长编写《自查实施计划》，见表2-59。内容包括自查的目的、性质、依据、范围、审核组人员、日程安排，准备自查工作文件。

表2-59 ________年度农产品质量安全追溯体系自查实施计划

自查日期：				
自查目的：				
自查性质：				
自查依据：				
自查范围：				
自查组 组长： 副组长： 组员：				
日程安排				
日期	时间	受审核部门	条款/内容	自查员

工作文件主要是指自查不符合项报告表（表2-60）；自查报告（表2-61）；农产品质量安全追溯体系运行自查会议签到表（表2-62）。

表2-60 ________年农产品质量安全追溯体系自查不符合报告表

受审核部门		部门负责人	
自　查　员		审核日期	
不符合事实描述： 不符合：工作规范□　应急预案□　质量控制□　信息运行□　其他文件□ 不符合文件名称（编号）及条款： 不符合类型：　体系性 □　　实施性 □　　效果性 □ 要求纠正时限：一周 □　　二周 □　　三周 □　　约定时间 □ 自查员：　　　　部门负责人： 日期：　年　月　日　　　　日期：　年　月　日			

（续）

<table>
<tr><td>不符合原因分析及拟定纠正措施

当 事 人： 日期： 年 月 日
自 查 员： 日期： 年 月 日
部门负责人： 日期： 年 月 日</td></tr>
<tr><td>纠正措施完成情况

部门负责人： 年 月 日</td></tr>
<tr><td>纠正措施的验证

自 查 员： 年 月 日
部门负责人： 年 月 日</td></tr>
</table>

自查组长： 年 月 日

表 2-61 ________年农产品质量安全追溯体系自查报告

<table>
<tr><td>自查性质</td><td></td><td>自查日期</td><td></td></tr>
<tr><td colspan="4">自查组员：</td></tr>
<tr><td colspan="4">自查目的：</td></tr>
<tr><td colspan="4">自查范围：</td></tr>
<tr><td colspan="4">自查依据：</td></tr>
<tr><td colspan="4">自查过程综述：

自查组长： 批准：
日期： 日期：</td></tr>
</table>

表 2-62 ________年农产品质量安全追溯体系自查首末次会议签到表

会议名称	首次会议□ 末次会议□		
会议日期		会议地点	
参加会议人员名单			
签　名		职　务	

2. 自查的实施

自查的实施按照首次会议、现场审核、碰头会、开具不符合项报告及召开末次会议的程序进行。

自查实施以首次会议开始，根据农产品质量安全追溯体系文件、自查表和计划的安排，自查员进入现场检查、核实。在现场审核时，自查员通过与受审核部门负责人及有关人员交谈、查阅文件和记录、现场检查与核对、调查验证、数据的汇总分析等方法，详细记录并填写《农产品质量安全追溯体系运行自查情况表》，经过整理分析和判断等综合分析，经受审核方确认后开具不合格项报告，得出审核结论，并以末次会议结束现场审核。末次会上，由自查小组组长宣读自查不符合项报告表，做出审核评价和结论，提出建议的纠正措施要求。

（1）首次会议　首次会议需要自查小组全体成员和受审核部门主要领导共同参加的会议。会议应向受审核部门明确自查的目的意义、作用、方法、内容、原则和注意事项。宣布自查日程时间表、自查小组成员分工、自查过程、自查内容和现场察看地点等。

（2）现场审核　现场审核在整个自查过程中占据着重要的地位。自查工作的大部分时间是用于现场审核，最后的自查报告也是依据现场审核结果形成的。

现场审核记录的要求：

①应清楚、全面、易懂；

②应准确、具体，如文件名称、记录编号等。

（3）不符合项报告　不符合项报告中的不符合项可能是文件的不符合

项、人员的不符合项、环境的不符合项、设备的不符合项、溯源的不符合项等。主要可以分为3类：

①体系性不符合。体系性不符合是农产品质量安全追溯体系文件的制定与要求不符或体系文件的缺失。例如，未制订产品质量控制方案。

②实施性不符合。实施性不符合是指制定的农产品质量安全追溯体系文件符合要求且符合生产实际，但员工未按体系文件的要求执行。例如，规定原始记录应在工作中予以记录，但实际上都是进行补记或追记。

③效果性不符合。效果性不符合是指制定的农产品质量安全追溯体系文件符合要求且符合生产实际，员工也按体系文件的要求执行；但实施不够认真。例如，原始记录出现漏记、错记等。

④不符合项报告的注意事项。不符合事实陈述应力求具体；所有不符合项均应得到受审核部门的确认；开具不符合项报告时，应考虑其应采取的纠正措施以及如何跟踪验证，是否找到出现不符合的根本原因。

（4）末次会议 末次会议需要自查小组全体成员和受审核部门主要领导共同参加的会议。会议宣读不符合项报告，并提交书面不符合项报告；提出后续工作要求（制定纠正措施、跟踪审核等）。

3. 编写自查报告

自查报告是自查小组结束现场审核后必须编制的一份文件。自查小组组长召集小组全体成员交流自查情况，并汇总意见，讨论自查过程中发现的问题，对农业生产经营主体（组织或机构）农产品质量安全追溯体系建设工作进行综合评价，研究确定自查结论，对存在的问题提出改进或整改要求。自查小组需交流汇总的主要内容包括自查主要内容、自查基本过程、可追溯性验证情况、自查的结论、对存在问题的限期改进或整改意见等。自查报告通常包括以下内容：审核性质、审核日期、自查组成员、自查目的、审核范围、审核依据、审核过程概述。

4. 跟踪审核验证

跟踪审核验证是自查工作的延伸，同时也是对受审核部门采取的纠正措施进行审核验证，对纠正结果进行判断和记录的一系列活动的总称。跟踪审核的目的：

（1）促使受审部门实施有效的纠正/预防措施，防止不符合项的再次发生；

（2）验证纠正/预防措施的有效性；

（3）确保消除审核中发现的不符合项。

自查组长应指定一名或几名自查员对不符合项的纠正，以及纠正措施有效性进行跟踪验证并确认完成及合格后，做好跟踪验证记录，将验证记录等材料整理归档（纠正措施完成情况及纠正措施的验证情况可在不符合项报告表中一并体现）。

5. 自查的总结

年度自查全部完成后，应对本年度的自查工作进行全面的评价，包括年计划是否合适、组织是否合理、自查人员是否适应自查工作等内容。

第九节　质量安全应急

【标准原文】

10　质量安全应急

按 NY/T 1761 的规定执行。

【内容解读】

NY/T 1761 规定，可追溯农产品出现质量安全问题时，农业生产经营主体（组织或机构）应依据追溯系统界定产品涉及范围，查验相关记录，确定农产品质量问题发生的地点、时间、追溯单元和责任主体，并按相关规定采取相应措施。

1. 可追溯农产品

可追溯性即从供应链的终端（产品使用者）到源头（产品生产者或原料供应商）识别产品或产品成分来源的能力，即通过记录或标识追溯农产品的历史、位置等的能力。具有可追溯性的农产品即为可追溯农产品。

2. 质量安全问题

《中华人民共和国农产品质量安全法》规定，农产品质量安全指农产品质量符合保障人的健康、安全的要求。农产品质量安全问题包括以下几方面：

（1）含有国家禁止使用的农药、兽药或者其他化学物质的；

（2）农药、兽药等化学物质残留或者含有的重金属等有毒有害物质不符合农产品质量安全相关标准的；

（3）含有的致病性寄生虫和微生物不符合农产品质量安全标准的；

（4）使用着色剂等食品添加剂等不符合国家有关强制性的技术规范的；

（5）其他不符合农产品质量安全标准的。

3. 农产品质量安全问题来源分析

建立了追溯系统的生产经营主体，在农产品发生质量安全问题时，可以根据农产品具有的追溯码，查询到该问题产品的生产全过程的信息记

录，从而确定问题产品涉及范围，判断质量安全问题可能发生的环节，确定农产品质量安全问题发生的地点、时间、追溯单元和责任主体。

农产品出现质量安全问题，主要发生在以下5个环节：

(1) 含有国家禁止使用的农药或者其他化学物质，主要发生在种植环节，生产者违规购买或使用了国家禁止使用的农药或其他化学物质。

(2) 农药等化学物质残留或者含有的重金属等有毒有害物质不符合农产品质量安全标准，主要发生在种植环节。一方面，生产者使用的农药没有达到药物安全间隔期即收获，导致药物残留不符合标准要求；另一方面，生产者没有按照国家标准规定（如农药的剂型、稀释倍数、施用量、施用方式等）正确使用药物，导致药物残留不符合标准要求。重金属含量超标主要由于产地环境不符合标准要求，如土壤或灌溉水中重金属含量超标，导致农作物在生长过程中吸收富集重金属，最终导致农产品中重金属含量不符合标准要求。

(3) 含有的微生物不符合农产品质量安全标准，主要发生在仓储、运输环节，由于环境、卫生条件不符合要求，导致农产品发生霉变，从而产生微生物或者生物毒素等有害物质，导致农产品质量不符合标准要求。

(4) 使用的着色剂等添加剂不符合国家有关强制性的技术规范，主要发生在农产品加工、储运环节。由于违规使用国家禁止使用的添加剂或超量使用等原因，造成农产品质量不符合国家标准要求。

(5) 其他不符合农产品质量安全标准要求的，特别是农产品的一些理化指标，如茶叶中杂质含量超标，主要发生在加工环节，筛选、去石、磁选不彻底导致的。

【实际操作】

农业生产经营主体（组织或机构）应确保具有质量安全问题的农产品得到识别和处置，防止流入流通市场。应编制相关文件控制程序，以规定质量安全问题产品识别和处置的有关责任、权限和方法，并保持所有程序的实施记录。

1. 预警反应计划和产品召回计划

当具有质量安全问题的产品进入流通市场后，农业生产经营主体（组织或机构）应实施预警反应计划和产品召回计划。

(1) 预警反应计划　农业生产经营主体（组织或机构）应采用适宜的方法和频次监视已放行产品的使用安全状况，包括消费者抱怨、投诉等反馈信息。根据监视的结果评价已放行产品中安全危害的状况，并针对危害评价结果确定已放行产品在一定范围内存在安全危害的情况。农业生产经营主体（组织或机构）应按以下要求制订并实施相应的预警反应计划，以防止安全危害的发生：

①识别确定安全危害存在的严重程度和影响范围；

②评价防止危害发生的防范措施的需求（包括及时通报所有受影响的相关方的途径和方式，以及受影响产品的临时处置方法）；

③确定和实施防范措施；

④启动和实施产品召回计划；

⑤根据产品和危害的可追溯性信息实施纠正措施。

（2）产品召回计划　农业生产经营主体（组织或机构）应制订产品召回计划，确保受安全危害影响的放行产品得以全部召回。该计划应至少包括以下5方面的要求：

①确定启动和实施产品召回计划人员的职责和权限；

②确定产品召回行动需符合的相关法律、法规和其他相关要求；

③制订并实施受安全危害影响的产品的召回措施；

④制订对召回产品进行分析和处置的措施；

⑤定期演练并验证其有效性。

2. 应急预案主要内容

当发生食品安全事故或紧急情况时，应启动应急预案。农业生产经营主体（组织或机构）应识别、确定潜在的产品安全事故或紧急情况，预先制订应对的方案和措施，必要时做出响应，以减少产品可能发生安全危害的影响。应急预案的编制应包括以下主要内容：

（1）概述　简要说明应急预案主要内容包括哪些部分。

（2）总则

①适用范围：说明应急预案适用的产品类别和事件类型、级别。

②编制依据：简述编制所依据的法律法规、部门规章，以及有关行业管理规定、技术规范和标准。

③工作原则：说明本单位应急工作的原则，内容简明扼要、明确具体。

（3）事件分级　根据可能导致的产品质量安全事件的性质、伤害的严重程度、伤害发生的可能性和涉及范围等因素对产品质量安全事件进行分级。

（4）风险描述　简述本企业的产品因质量问题可能导致人员物理、化学或生物危害的严重程度和可能性，主要危害类型，可能发生的环节以及可能影响的人群范围、可能产生的社会影响等。

（5）组织机构及职责　成立以负责人为组长、相关分管负责人为副组

长，相关部门负责人等成员组成产品质量安全事件应急领导小组，并明确各组织机构及人员的应急职责和工作任务。

（6）监测与预警

①信息监测。确定本企业产品质量安全事件信息监测方法与程序，建立消费者投诉、政府监管部门、新闻媒体等渠道信息来源与分析等制度，以及信息收集、筛查、研判、预警机制，及时消除产品质量安全隐患。

②信息研判。根据获取的产品质量安全事件信息，开展事件信息核实，并对已核实确认的事件信息进行综合研判，确定事件的影响范围及严重程度、事件发展蔓延趋势等。

③信息预警。建立健全产品质量安全事件信息预警通报系统，建立产品质量安全事件报告制度，明确责任报告单位和人员、报告程序及要求。

（7）应急响应

①响应分级。针对产品质量安全事件导致的危害程度、影响范围和本企业控制事态的能力，对产品质量安全事件应急响应进行分级，明确分级响应的基本原则。

②先期处理。先期派出人员到达事发地后，按照分工立即开展工作，随时报告事件处理情况，并根据需要开展抽样送检等相关工作。

③事件调查。

（a）组织开展事件调查，尽快查明事件原因。

（b）做好调查、取证工作，评估事态的严重程度及危害性。

（c）品管部门会同有关部门对事故的性质、类型进行技术鉴定，做出结论。

④告知及公告。需要进行忠告性通知时，可选择适宜的方式如电话、传真、媒体等方式发布。

⑤产品召回。实施产品召回，依据产品销售台账，及时对已召回或未销售流通的问题产品实施封存、限制销售等措施。

⑥赔偿。主动向因产品质量问题导致的受伤害的人员进行赔偿，避免事件影响扩大。

⑦后期处理。产品质量安全事件应急处置结束后，应对质量安全事件的处理情况进行总结，分析原因，提出预防措施，提请有关部门追究有关人员责任。

⑧保障措施。通信与信息保障、队伍保障、经费保障、物资装备保障、其他保障。

⑨应急预案附件。可以包括术语解释、人员联系方式、规范文本、有关协议或备忘录等。

各农业生产经营主体（组织或机构）应根据本单位的具体情况，按照应急预案的基本编制原则，编制符合本单位的切实可行的应急预案。产品预警反应计划包含在应急预案中的，可以不必单独列出。

3. 质量安全问题产品处置

未进入流通市场的质量安全问题产品须经农业生产经营主体（组织或机构）负责人批准；已进入流通市场的质量安全问题产品须经政府有关部门批准，可采取以下一种或几种途径处置质量安全问题产品：

（1）返工　通过调整生产加工设备的工艺参数或条件进行处理可达到标准要求的产品，可以通过返工得到安全产品。在质量安全问题产品返工得到纠正后，应对其再次进行验证，以证实其符合质量安全要求。

（2）转做其他安全用途　通过降级或降等的方式，食用农产品可以转做饲料或其他工业原料等。

（3）销毁　含有的质量安全问题不可消除，且无法转做其他安全用途的产品，必须销毁，不可作为追溯产品销售。

4. 应急预案演练示例

×××茶叶产品质量安全追溯应急预案演练（示例）

一、演练目的

通过本次茶叶产品质量安全事故应急演练，检验各部门在茶叶产品质量安全出现异常情况下应急处置工作的实际反应能力和运作效果，从而进一步完善产品质量安全应急体系，提高各小组成员处理突发事故的能力。

二、演练依据

生产经营主体制订的《×××茶叶产品质量安全事件应急预案》及国家的相关法律、法规。

三、职责

应急小组全面负责、各部门协助。

四、演练事件设置

2019年9月×日15时，某超市经销商反馈，消费者购买的我公司生产的250g/袋包装的×××牌烘青绿茶，发现发霉现象，现已有1人来超市投诉索赔。

五、演练流程

（一）启动应急预案

1. 应急小组

15时10分，质量安全事故应急小组成员张××接到通知后，立即向应急小组组长报告此事件。15时15分，应急小组组

长王××得知产品问题后，迅速召开会议进行指挥、部署，启动应急预案，追溯事故原因，并进行妥善处理。

2. 现场处置组

组织小组成员对问题产品展开调查，并对超市销售的茶叶产品进行封样留存。15点40分应急小组成员李××、赵××分别到达超市采购部、销售部询问销售情况。经检测，该产品执行标准为GB/T 14456.1—2017《绿茶 第1部分：基本要求》，其中水分的限量值应小于等于7.0%，检测结果为11.2%，超过了限量值，水分含量超标可能是引起茶叶发霉的主要因素。

3. 事故调查组

16时00分，小组成员刘××、钱××、孙××组成调查组，开始调查此次事故原因。由张××利用问题产品的追溯码进行网络查询。

4. 后勤服务保障工作组

16时15分，后勤服务保障工作组开始及时对应急资金、应急车辆等进行调配，保证事故处理所需。16时40分，准备就绪。

各工作组在展开各项工作的同时，及时向指挥部通报情况，为组长的决策和下达指挥命令提供各项信息支持。

（二）网络追溯

16时40分，应急小组成员张××通过产品追溯码查询得知，此茶叶产品为2019年4月20日生产，加工班组为×××加工班组，种植基地为×××种植户组。销售日期为2019年6月2日，承运人杨××，运输方式为汽运，运输车辆车牌号×××××，销售去向为广州市某超市。

随后，将该结果传送一份至调查组。调查组根据追溯结果紧急分析产品的种植加工过程、时间、地点、相关人员以及采集的数据。

调查组从加工、储藏环境、出厂检验结果等所有环节的电子和原始纸质记录进行比对，查找可能发生问题的环节。

（三）实地调查

调查小组现场调查证实，消费者购买的茶叶，确系×××公司加工生产，追溯码为×××××××××，该批次产品销售于×××超市。超市购入3箱，每箱50袋，包装规格为250g/袋；目前已销售10袋。通过调查储藏库房环境条件记录，发现库房除湿系统工作异常，导致库房湿度较高，使得茶叶水分含量升高。综合分析，证实事故发生的原因系储藏库房湿度过高，引起茶叶霉变。

（四）问题处理

17点15分，调查组将调查结果报告应急领导小组。听取汇报后，应急领导小组作出如下决定：委派质量安全事故应急领导小组成员赵××与超市进行对接协商，对剩余的140袋问题产品进行下架并停止销售，对同一追溯精度的批次产品做出销毁处理。

产品召回：通过电视广播通知、超市现场挂条幅和超市滚动广播等方式，召回已销售的同追溯码的产品。

（五）信息发布

配合监管部门，通过媒体发布整个事件的调查结果，避免引起消费者恐慌。

（六）应急处置总结报告

该事故是由于储藏库房湿度控制设备运行状态不好，引起了茶叶水分升高导致发霉。在这起事故中暴露了产品加工储藏过程监管不到位、责任意识不强等问题，使产品品牌、企业形象受到影响；质量安全体系不够健全，监督措施落实不到位。

六、经验总结

（一）应急演练过程中存在的问题

应急响应小组工作与各部门沟通协调性较差等问题。

（二）建议

进一步加强领导，切实提高对应急反应工作的认识。进一步加强培训，全面提高应急反应工作水平及能力。

18时30分，应急领导小组组长王××对应急预案演练进行了点评。

19时00分，整个演练结束。

附 录

ICS 67.040
X 09

中华人民共和国农业行业标准

NY/T 1763—2009

农产品质量安全追溯操作规程
茶　　叶

Operating rules for quality and safety traceability of agricultural products-Tea

2009-04-23 发布　　　　2009-05-20 实施

中华人民共和国农业部 发布

前　　言

本标准由中华人民共和国农业部农垦局提出并归口。

本标准起草单位：中国农垦经济发展中心、农业部蔬菜水果质量监督检验测试中心（广州）。

本标准主要起草人：吴金玉、韩学军、何慧书、王富华、王旭、王生。

农产品质量安全追溯操作规程 茶叶

1 范围

本标准规定了茶叶质量安全追溯的术语和定义、要求、信息采集、信息管理、编码方法、追溯标识、体系运行至自查和质量安全应急。

本标准适用于茶叶质量安全的追溯。

2 规范性引用文件

下列文件中的条款通过本标准的引用而成为本标准的条款。凡是注日期的引用文件，其随后所有的修改单（不包括勘误的内容）或修订版均不适用于本标准，然而，鼓励根据本标准达成协议的各方研究是否可使用这些文件的最新版本。凡是不注日期的引用文件，其最新版本适用于本标准。

NY/T 1761 农产品质量安全追溯操作规程 通则

3 术语和定义

NY/T 1761 确立的术语和定义适用于本标准。

4 要求

4.1 追溯目标

追溯的茶叶可根据追溯码追溯到各个生产、加工、流通环节的产品、投入品信息及相关责任主体。

4.2 机构和人员

追溯的茶叶生产企业、组织或机构应指定机构或人员负责追溯的组织、实施、监控和信息的采集、上报、核实及发布等工作。

4.3 设备和软件

追溯的茶叶生产企业、组织或机构应配备必要的计算机、网络设备、标签打印机、条码读写设备等，相关软件应满足追溯要求。

4.4 管理制度

追溯的茶叶生产企业、组织或机构应制定产品质量追溯工作规范、信息采集规范、信息系统维护和管理规范、质量安全问题处置规范等相关制度，并组织实施。

5 编码方法

5.1 种植环节

5.1.1 产地编码

产地编码参照 NY/T 1761 的规定执行。地块编码档案至少包括以下信息：区域、面积、产地环境。

5.1.2 种植者编码

生产、管理相对统一的种植户、种植组统称为种植者，应对种植者进行编码，并建立种植者编码档案。种植者编码档案至少包括以下信息：姓名（户名或组名）、种植区域、种植面积、种植品种。

5.1.3 采摘者编码

生产、管理相对统一的采摘户、采摘组统称为采摘者，应对采摘者进行编码，并建立编码档案。编码档案至少包括以下信息：采摘者姓名（户名或组名）、采摘数量、采摘区域、采摘面积、采摘品种、采摘质量。

5.2 加工环节

5.2.1 收购批次编码

应对不同收购批次编码，其内容至少包括收购数量、收购标准等。

5.2.2 加工批次编码

应对不同加工批次编码，其内容至少包括加工工艺或代号等。

5.2.3 包装批次编码

应对不同包装批次编码，其内容至少包括茶叶等级、产品检测结果等。

5.2.4 分包设施编码

应对不同分包设施编码，其内容至少包括分包设施位置、防潮状况、环境卫生条件等。

5.2.5 分包批次编码

应对不同分包批次编码，并记录大包装追溯编号，形成小包装追溯编号，分包后产品库存设施编码。

5.3 储运环节

5.3.1 储藏设施编码

应对储藏设施按照位置编码，其内容至少包括储藏设施位置、通风防潮状况、环境卫生安全等。

5.3.2 储藏批次编码

应对不同储藏批次编码，并记录入库产品来自的运输批次或逐件记录。

5.3.3 运输设施编码

应对运输设施按照位置编码，其内容至少包括运输设施的防潮状况、环境卫生条件等。

5.3.4 运输批次编码

应对不同运输批次编码，并记录运输产品来自的存储设施或包装批次或逐件记录。

5.4 销售环节

5.4.1 出库批次编码

应对不同出库批次编码，并记录出库产品来自的库存设施或逐件扫描记录。

5.4.2 销售编码

——销售编码可用以下方式。

——企业编码的预留代码位加入销售代码，成为追溯码。

——在企业编码外标出销售代码。

6 信息采集

6.1 产地信息

产地代码，种植者档案，产地环境监测，包括取样地点、时间、监测机构、监测结果等信息。

6.2 生产信息

种苗；农药、肥料的品种、来源、使用和管理；检验结果；采摘的人员、时间和数量等信息。

6.3 原料信息

鲜叶的分级、收集时间和运输等信息。

6.4 加工信息

产品类别、加工工艺、日期、批次、设施、产量、质量、人员等信息。

6.5 包装信息

类型、批次、日期、设施、材料、规格、数量、人员等信息。

6.6 产品储藏信息

库号、日期、设施、环境条件、保管员等信息。

6.7 产品运输信息

产品、运输工具、环境条件、日期、到达位置、数量等信息。

6.8 销售信息

商品名、经销商、进货时间、上架时间等信息。

6.9 产品检验信息

产品来源、检测日期、检测机构、检测结果等信息。

7 信息管理

7.1 信息存储

应建立信息管理制度。纸质记录应及时归档，电子记录应每2周备份一次，所有信息档案保存一般不应少于2年，对于保质期长于2年的茶叶，产品信息档案保存期不应短于保质期。

7.2 信息传输

上一环节操作结束时，应及时通过网络、纸质记录等以代码形式传递给下一环节，企业、组织或机构汇总诸环节信息后传输到追溯系统。

7.3 信息查询

应建立以互联网为核心的追溯信息发布查询系统，信息分级发布。鼓励企业（组织或机构）建立质量追溯的短信、语音和网络查询终端。信息至少包括种植者、产品、产地、加工企业、批次、质量检验结果、产品标准。

8 追溯标识

按NY/T 1761规定执行。

9 体系运行自检

按NY/T 1761规定执行。

10 质量安全应急

按NY/T 1761规定执行。
